U0135269

漫画学 Python 完美实践

Comic Guide to Python

Perfect Practice

[德] 斯蒂芬·埃尔特 / 著

邓燕燕 刘玲玉 / 译

北京理工大学出版社

BEIJING INSTITUTE OF TECHNOLOGY PRESS

图书在版编目（CIP）数据

漫画学 Python：完美实践 /（德）斯蒂芬·埃尔特著；邓燕燕，刘玲玉译．—北京：北京理工大学出版社，2024.1

ISBN 978-7-5763-3445-6

Ⅰ．①漫…　Ⅱ．①斯…　②邓…　③刘…　Ⅲ．①软件工具－程序设计　Ⅳ．①TP311.561

中国国家版本馆 CIP 数据核字（2024）第 011290 号

北京市版权局著作权合同登记号　图字：01-2023-3171号

责任编辑：钟　博　　**文案编辑：**钟　博
责任校对：周瑞红　　**责任印制：**施胜娟

出版发行／北京理工大学出版社有限责任公司
社　　址／北京市丰台区四合庄路 6 号
邮　　编／100070
电　　话／（010）68944451（大众售后服务热线）
（010）68912824（大众售后服务热线）
网　　址／http：//www. bitpress. com. cn

版 印 次／2024 年 1 月第 1 版第 1 次印刷
印　　刷／三河市中晟雅豪印务有限公司
开　　本／889 mm × 1194 mm　1/16
印　　张／15
字　　数／406千字
定　　价／89.00 元

图书出现印装质量问题，请拨打售后服务热线，负责调换

献给Andrea、Alva和Felix

前言

薛定谔，你好！我可以这么称呼你吗？听说你想学习Python编程语言。

这个想法棒极了！

Python是一门特殊的语言。它是编程入门的绝佳之选。它的语法简单却强大，且极具表现力。

如果你愿意，我很乐意为你展示如何使用Python进行编程，更确切地说如何正确地使用Python进行编程。我不能向你展示Python的所有方面，因为Python的内容极其丰富，截至目前仍然存在许多有待开发的空间。

因此，我更倾向于向你展示如何写出一个正确的、真正的程序。我会重点突出实用性，而非只罗列你可能并不需要的功能和方法。

对了，我想我得先做个简单的自我介绍。我叫斯蒂芬，是一名程序开发员。40年前，我叔叔将第一代微型计算机交到我手上说："用它做些什么吧！"自此，我便开始了编程之旅。我想把Python推荐给你，这样你就可以用它设计出最为罕见、有趣、令人振奋的东西。

还有：

我和家人及我们的哈巴狗住在汉堡附近的一座小城里，我在一家大型出版社从事PHP、Java、JavaScript，还有Python的程序开发工作，我们拥有很棒的团队。

薛定谔凭着他的天资、恐猫症和他随意趿拉的鞋吸引了莱茵韦克出版社评审团的注意。这意味着他的一个心愿即将实现。

亲爱的读者朋友们！

是的，你选择了

Python！

无须我们敦促和力劝，你已做出明智之选。

Python棒极了。

或许你是第一次拿着弯刀挺进程序之林，又或许你已深陷其中，正试图寻找一种利器来帮你摆脱令人烦腻的藤蔓和纠缠不休的虫子（这里自然指各种漏洞）。那么，Python就是你的正确选择。

但首先你得安营扎寨。为了避免你独自在灌木丛里晕头转向、挥刀乱舞，我先来介绍我们的探险团队。首先是我们的探险队队长，本书的作者**斯蒂芬**，他对Python之林了如指掌。他会告诉你所有的捷径和生存技能，当然还有你成为Python大师所必须掌握的所有工具。

当然还有**薛定谔**。在探险过程中，他会一直伴你左右，即使他有时也会亲自操刀，但他绝不会代替你学习，因为如果这样，你就会错过丰富多彩的练习和图解，这太可惜了。但肯定的是，薛定谔会让你乐在其中，并且他已经准备好了一些聪明的小问题——或许恰好是你心存疑虑的那些。

本次探险由一个专家团队组成，他们虽然不能伴随你行进在丛林之中，但会留下一些有用的指示。例如代码会被标记为彩色，树干上会钉上路牌和箭头，藤蔓下会时不时悬挂着问题的解决方案，以此避免你过早地晕头转向。

好了，我们不耽误你的时间了。记得不要踩蛇！
希望你的Python之旅一切顺利！

薛定谔的办公室

必要的理论，

很多说明和提示

薛定谔的工作坊

许多代码将被添加、改进和修复

薛定谔的客厅

许多咖啡和练习，以及

应得的休息时间

出版说明　漫画学 Python

作为一名独木舟运动员，在必要时阿尔穆特可以只用一把桨在激流中航行。这项技能注定了她将成为一名专业书籍编辑。

Almut Poll（阿尔穆特·珀尔），编辑

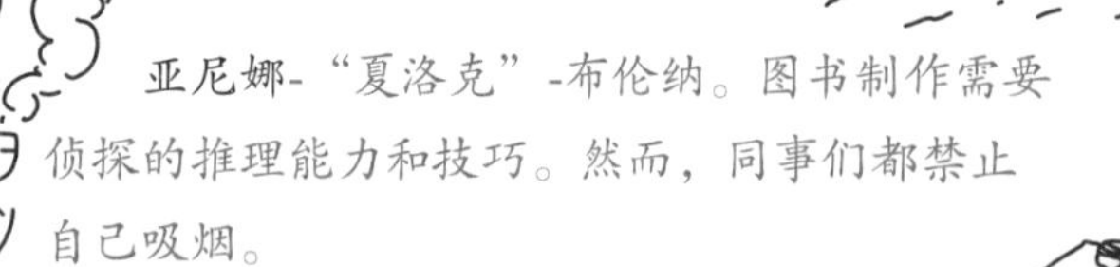

亚尼娜-“夏洛克”-布伦纳。图书制作需要侦探的推理能力和技巧。然而，同事们都禁止自己吸烟。

Janina Brönner（亚尼娜·布伦纳），出版商

在马库斯接手本书的文字工作前，我们已经排列好枝干整装待发了。剩余的就是小儿科了，对吧？

Markus Miller（马库斯·米勒）在慕尼黑工作、生活，是自由排版员、图片处理师和插画师，他在空闲时间也喜欢看书。

除了书籍设计，安德烈亚斯的第二个爱好是烹饪。无论如何，最主要的是罕见的，非常罕见！

Andreas Tetzlaff（安德烈亚斯·泰茨拉夫）是科隆的一名自由图书设计师。他通常为艺术书籍出版商工作（与他的妻子一起创立probsteibooks.de），他做梦也不会想到，一本IT参考书会给他带来艺术上的挑战……

即使在他的学生时代，里奥也喜欢在他最不了解的书上画满图画。

自从他发现在书上画画可以有报酬，他就再也不随便在书上画画了。

Leo Leowald（里奥·里奥瓦尔德）在科隆生活和工作，是一名自由插画师。他在《泰坦尼克号》《丛林世界》《reprodukt》等杂志上发表作品，并从2004年开始绘制网络漫画www.zwarwald.de。

帕特里西娅是一家动物保护机构的志愿者，从事狗狗寄养工作。不幸的是，她目前只能在RPG和奇幻小说中表演她最喜欢的动物。

Patricia Schiewald（帕特里西娅·希瓦尔德），编辑

安妮特是受过培训的考古学家，因此，这只是编辑工作的一小步，好处是：她总能在薛定谔公司找到一些东西。

Annette Lennartz（安妮特·雷恩阿兹特）是波恩的一名自由编辑。她总是为薛定谔打开一扇门。私下里，她欣赏口无遮拦的诡异故事，或修补花丝状的船舶模型。

校对：Annette Lennartz（安妮特·雷恩阿兹特）

托斯滕总是思索算法，特别是C++算法。他是计算机专业的研究生。他把书翻了个底朝天，有时和薛定谔争论不休。为了解开心中的困惑，他经常在空闲时摄影。

评审：Torsten T. Will（托斯滕·T.威尔）

费利克斯对程序的喜爱是与生俱来的，他使用程序逐一核查书中的代码。

代码核查：Felix Elter（费利克斯·埃尔特）

斯蒂芬喜欢和家人在蒂门多夫海滩消磨时光。另外，他也喜欢社交游戏和他的哈巴狗。好吧，一般人很难将这两个爱好联系到一块儿。

作者：Stephan Elter（斯蒂芬·埃尔特）

对于那些想明确知道的人

这本书是由无数的文章［其中包括来自Evert Ypma（埃弗特·伊普马）的WIMBY：谢谢你，埃弗特！］、大量的插图和其他怪异的人物组成的，让每个参与的人都很疯狂。

目　录

第一章　关于数据、数据库和SQL

关系数据库模型

第1页

第二章　你能为我制作图表吗

数字和数据比比皆是

第59页

第三章　数据、统计、数据科学和人工智能

如果你已经焦头烂额

第93页

第四章　使用CSV和JSON进行数据交换

写入数据—读取数据

第117页

第五章　正则表达式

文本处理的利器

第135页

附录　消失的章节

适用于所有无法匹配的内容

第183页

一第一章一

关于数据、数据库和SQL

数据就像兔子——它们迅速繁殖。数据库是控制数据的手段。存储、分类、读取数据以及根据特定的标准选择数据——Python都可以轻松做到。

你好，薛定谔，今天我们要处理的是数据库与数据的查询和管理。到目前为止，你已经把必要的信息直接存储在程序中，或者存储在文本文件中，对数据的任何处理或改动都是直接在程序中进行的。

你拥有的数据越多，数据结构越复杂，使用数据库处理数据的优势就越明显。这里将学习如何创建SQL数据库并把数据存储在表中。

SQL表示结构化查询语言，是一种在关系数据库中执行CRUD操作的语言。CRUD代表Create、Read、Update和Delete，即创建、读取、更改和删除数据。

SQL是符合ANSI和ISO标准的标准化语言，自20世纪70年代开始使用。第一个官方标准于1989年制定，此后得到进一步发展。

所有数据都存储在数据库和不同的表中。简单地说，数据库是一种可以包含多个表的文件。每个表都有自己的名称，并且可以有不同的结构。这样的表有不同的列，数据逐行存储在其中。这是关系数据库模型的基础。因为数据不仅简单地存储在表中，而且它们之间可以有关系。换句话说，数据可以通过不同的特征相互关联。

在使用SQL数据库时，关系数据库模型的规范化非常重要。此外，我们还将处理不同的规范形式。

原来如此，

关系数据库模型……

规范化……

嗯……

除了使用SQL（它可以通过查询和命令创建新的数据库和表，并保存、修改和查询数据）之外，还将查看SQLite的数据库浏览器，它将使你更轻松地完成某些任务。

你好薛定谔，醒醒。
我需要你的帮助！
是我，你的计算机。

寻找救援人员和英雄：数据库专业人员

我被敌方的计算机病毒攻击了，需要你的帮助。我的正电子已经受到损害，无法自主进行必要的分析以有效地保护自己。

啊？

当然！

我能帮你做些什么呢？

我已经收集了关于病毒及其攻击的所有信息。你需要帮助我保存和检索这些信息，以便对其进行分析。

以下是攻击我的系统的各个病毒程序的信息。这些数据需要被分析并存储在一个数据库中，以便我们共同制定防御策略。

Name,	Größe,	Signatur,	Status
T800,	128,	ABAA,	aktiv
T803,	256,	BCCB,	aktiv
Bit13,	256,	ABAA,	aktiv
Gorf3,	128,	ABAA,	aktiv
Gorf7,	256,	BCCB,	aktiv

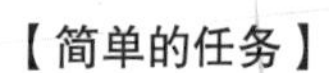

【简单的任务】

看看数据，是否明显看出某些相似之处？

很清楚！

有些病毒具有相同的大小和签名。它们显然属于同一类型。

- 128和ABAA是一类；
- 256和BCCB是一类；
- 256和ABAA是一类。

虽然最后一个组合中只有一种病毒，但它似乎也是一种单独的类型。Status（状态）显然指的是特定的病毒，而不是病毒类型。

我们可以把这些信息分成关于病毒类型和关于病毒自身的信息。下面是关于现有病毒类型的表。我们给每个类型一个唯一的编号（Typ）——这里是从1到3。

Typ	Größe	Signatur
1	128	ABAA
2	256	BCCB
3	256	ABAA

这是关于病毒自身信息的表。有关病毒类型的所有信息都在上表中。对于每种病毒，都有明确的类型——对应相应的数字。

Name	Typ	Status
T800	1	aktiv
T803	2	aktiv
Bit13	3	aktiv
Gorf3	1	aktiv
Gorf7	2	aktiv

根据指定的病毒类型，我可以在另一个表中查询哪些数据属于这一类型！

【搞定！】

这就是关系数据库的奥秘之一。相关的信息可以转移到自身的表中。通过一个独有的特征（这里是类型编号，即Typ）一些必要的联系就被建立起来。这非常快且会保存数据。

想象一下，关于病毒类型还有新的、附加的信息：特定的行为模式或其他特征。那么就需要把这些信息作为新的列插入类型表，并对相应的各个类型进行补充。另外，在最初的表中，你需要多次用相同的信息补充每个病毒的信息。

更改也是如此：在类型表中，你只在一个地方进行一次有必要的修改，所有信息立即都是最新的！在病毒表中，你必须对每个相关的病毒进行相同的修改。这是冗余和不必要的工作！

好棒！

你在表顶部看到的都是必须存储在数据库中的重要信息。这样就可以对病毒数据进行分析，以确定该做些什么。

你必须这么做——我的系统已经受到严重损害。请创建一个数据库，在其中建立合适的表，并保存所有数据。我会向你展示这些命令，然后你可以为我们的数据执行相应的操作。

为此你需要sqlite3模块。该模块背后是一个名为SQLite的数据库。不要担心，名称中的“Lite”并不是指性能，而是指这个数据库系统的低要求!因此SQLite在许多系统中被使用了数百万次。例如，几乎所有在数据库中存储数据的应用程序都使用SQLite作为Android（安卓）的一部分!

现在我将向你展示创建带有一个表的数据库，并在表中写入第一部分数据所需要的一切。

*1当然，你需要sqlite3模块。

*2通过connect()方法，建立一个到指定的数据库spam的连接。通过赋值创建一个对象，然后继续使用该对象。

```
import sqlite3*1
verbindung = sqlite3.connect("spam.db")*2
cursor = verbindung.cursor()*3
sql = '''CREATE TABLE eggs(*4
    cooler_typ TEXT,*5
    glückszahl INTEGER*6
);'''
cursor.execute(sql)*7
verbindung.commit()*8
verbindung.close()*9
```

*4以下是在SQL中创建新表的命令，表的名称为eggs。

*3在新的数据库对象中，通过cursor()方法创建一个所谓的光标（没错，它确实叫这个）。通过光标，你给数据库发送命令或查询数据库，并得到结果。

*5这里创建了一个名为cooler_typ的列。

*7 通过光标调用execute()方法并传递SQL命令，现在就是：等待执行。

*6还有另一个名为glückszahl的列。

*8通过commit()方法，所有命令都将被执行。

*9清理是一件光荣的事情：当你不再需要它时，请关闭数据库连接。

当然，变量cursor也可以有其他名字，它不一定要像所使用的方法一样叫作cursor。

使用数据库浏览器，可以查看数据库spam和其中包含的表eggs：

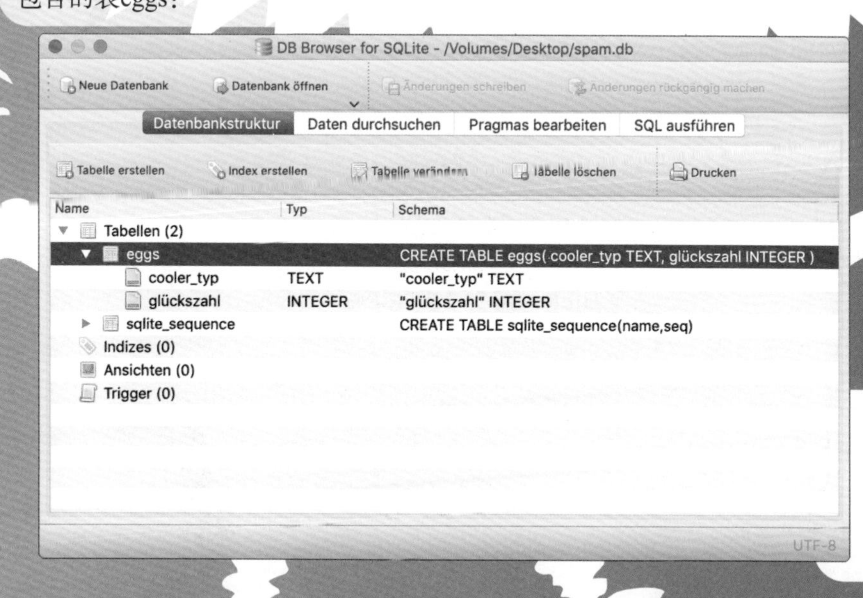

这就是SQLite的DB Browser中带有表eggs的数据库spam。

如果不存在具有指定名称的数据库，则会自动创建相应的数据库。不然，只需建立一个与现有数据库的连接。

如果没有为文件名指定路径，那么数据库通常会在当前位置被创建（或检索）。通常情况下，这是运行Python程序的文件夹。

程序中的光标类似一个用于与数据库连接的媒介：你通过它发送命令或查询，并返回搜索结果。如果你创建了一个表（比如这里），那么当然没有搜索结果。

位于光标中的语句并不像所期望的那样直接执行。命令正在等待发送到数据库。简单地说，这是通过与数据库连接相关的commit()方法完成的。你可以轻松地将多个语句传递到光标，并在一个commit()方法中执行它们。

【笔记】
严格地说，commit()方法并不是所有操作都必须使用的。但是，如果在close(关闭)之前调用它们，则不会出错。

快速查看一下用于创建表的SQL命令：

```
sql = '''CREATE TABLE eggs(
    cooler_typ TEXT,
    glückszahl INTEGER
);'''
```

当然，也可以直接用execute()方法写命令，但是现在这样更一目了然。

用SQL写CREATE TABLE和一个名字，一个新的表随之创建。通常SQL命令用大写字母。

【注意】
如果已经存在具有此名称的表，那么由于安全原因会出现错误。因此，如果再次运行该程序，则必须删除现有表。

类似函数，在圆括号中传递新列（或字段），具体就是列名和数据库中使用的数据类型。这对于数据库非常重要，因为这些字段的大小取决于它们的类型。单个列（也称为字段）用逗号分隔。

【笔记】
空格和空行在SQL中不重要。由于可以写多行文本，所以可以很好地格式化和编号可读性强的SQL语句。Python中3个引号'''（或"""）实际上是一个福音，因为在SQL中需要使用单引号，而Python允许你按想要的方式编写它们！

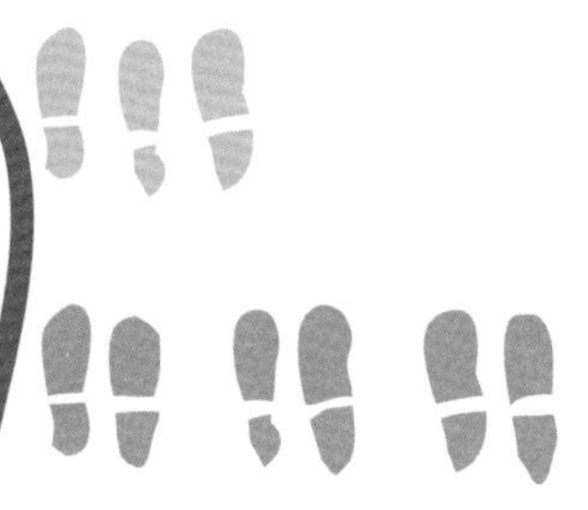

SQL命令可以用分号来结尾。如果省略了它，SQL也是接受的。只有当多个SQL命令连续出现时，分号才是强制性的。

表名通常小写，并在不同的单词之间加下划线，但这不是必需的。

SQL就是这样
有点像Python！

顺便说一下，SQLite接受以下数据类型：

- INTEGER ——典型的没有小数点的数字，也可以写成INT。
- REAL ——这是一个浮点数，也可以写成FLOAT。
- TEXT ——顾名思义，这是一个文本。
- BLOB ——在这里数据可以以其原始形式存储：图片、声音文件，甚至PDF文件。通常情况下，这些数据被存储在外部的文件系统中，并可通过指定路径找到。

【搞定！】

对于这些数据类型，除了像INTEGER或REAL这样的原始名称之外，实际上还有更多的命名方法。SQLite试图与尽可能多的其他SQL数据库兼容，因此支持许多它自己没有的数据类型，并将它们映射到自己的数据类型上。例如，一个tinyint（在其他数据库中严格映射0~255的整数）在最终表中简单地变成了一个具有任意大小的INTEGER。

顺便说一句，没有（真正的）Bool类型。
这里通常采用INTEGER类型并保存0或1。

【注意】

顺便说一句，SQLite在保存时有点不太严格。数字既可以作为 42 传递，也可以作为"42"传递，并被正确存储。即使在设置为INTEGER的列中，字符串也可以被存储。

这里需要数据

现在有一个数据库和一个表，但还没有数据。是时候改变这种情况了，你要有一个新程序：

```
import sqlite3
verbindung = sqlite3.connect("spam.db")
cursor = verbindung.cursor()
sql = '''INSERT INTO eggs (cooler_typ, glückszahl)
      VALUES('Schrödinger', 42);'''
cursor.execute(sql)
verbindung.commit()
verbindung.close()
```

太棒了！
除了SQL命令之外，其他都是一样的！

没错，你是一个细心的学生，薛定谔！

还是一样的处理步骤：

1. 导入模块。
2. 创建一个数据库连接到数据库spam.db。
3. 创建一个光标，并给它一个（完全不同的）SQL命令。
4. 通过commit()方法执行所有命令。
5. 终止数据库连接。

SQL命令所做的事情如下：

*1 INSERT INTO说明数据保存在指定的表eggs中。

*2 括号表示存储数据的字段。不必使用表中的所有字段。

```
INSERT INTO eggs*1 (cooler_typ, glückszahl)*2
     VALUES*3('Schrödinger'*4, 42);
```

*3 VALUES之后的括号里是需要写入表的数据（用逗号分隔）。

*4字符串在SQL中写在单引号里。因为在Python中你可以使用3个引号，所以在SQL中使用普通引号当然也没有问题。

这些数据已经存储在数据库中了！ 你已经把第一个记录写进了数据库，更确切地说，是写进了一个表。

SQL命令通常用大写字母书写，但实际上大多数数据库对你如何编写命令并不感兴趣，SQLite在这方面也不太挑剔。

第一个括号中的参数可以按任何顺序写入。重要的是，第二个括号中的数值也要遵守这个顺序，否则你会得到一份一团糟的数据“沙拉”。当然，你只能使用在相应的表结构（关系）中现有的名称，否则会导致出错。不存在的名字不能使用INSERT命令自动创建。

【便笺】
字段和列这两个词经常被当作同义词使用。严格来说，列代表了一列中所有的数据，而字段实际上代表一个数据。

还可以使用INSERT语句写入多条记录。要做到这一点，不仅要在VALUES后面写一个包含数据的圆括号，而且要写任意数量的数据——每个数据都用逗号分隔。

```
sql = '''INSERT INTO eggs (cooler_typ, glückszahl)
         VALUES ('Schrödinger', 43)*1,
                ('Hannes', 13)*1,
                ('Lilly', 1024);*1
'''*2
```

*1 像这样就可以在一个INSERT命令中写多条记录。请不要忘记记录之间的逗号。

*2 对于Python多行字符串的特性，将SQL命令写成几行并且做到易读是不成问题的。

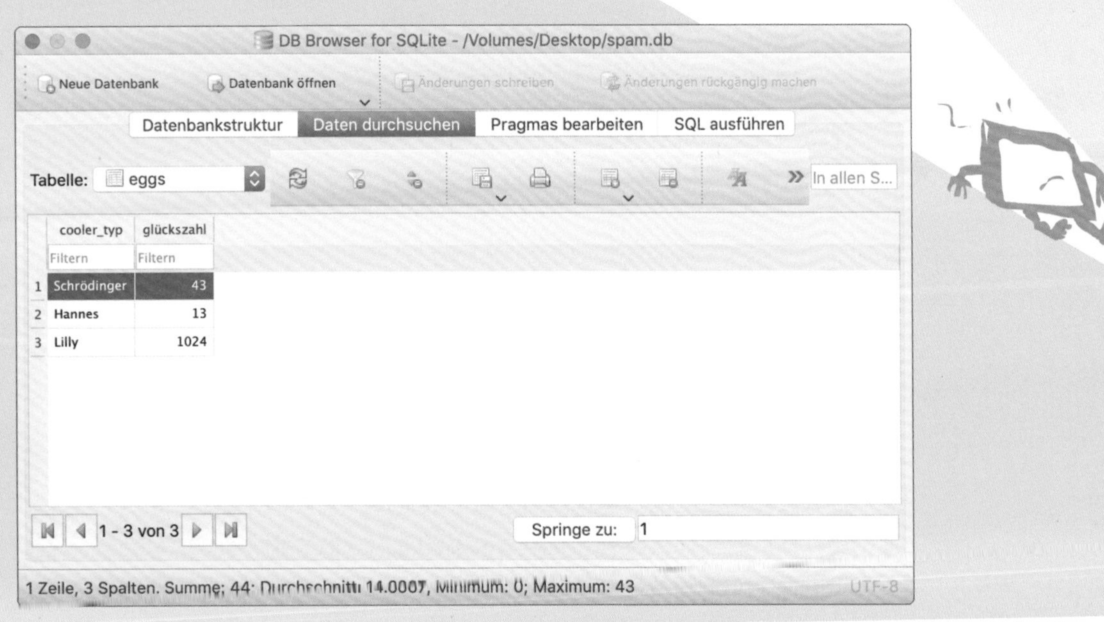

在数据库浏览器中［在Daten durchsuchen（数据浏览）选项卡中］可以清楚地看到：所有数据都已经在这儿了！

运行代码后，可以在相应的数据库浏览器中再次查看该表的内容，并且应该看到相应的行。

我究竟从哪里获取这样一个程序，即这样一个数据库浏览器呢？

见附录

有一个名为DB Browser for SQLite的程序可用于SQLite。它在Windows、macOS和Linux操作系统中免费使用。如果你想了解更多关于它的信息，那么现在是一个很好的时机，你可以在消失的章节中读到更多关于它的内容。

我们马上就在这个位置再次见面！

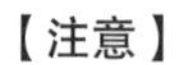

【注意】

如果程序运行多次，则数据将每次都会被重新写入，从而多次重复！

不要重复——通过使用主键

没有人喜欢重复的数据！特别是对于数据库，重要的是数据被正确存储。对任何人来说，同一个Schrödinger（薛定谔）在一个表中出现了20次都是没有用的！

当然，
薛定谔是独一无二的！

可以在每个表中确定一个所谓的主键。最简单的方法是，把列或字段当作主键，即PRIMARY KEY。这通常在创建表的时候操作：

```
CREATE TABLE eggs(
    cooler_typ TEXT PRIMARY KEY, glückszahl INTEGER)
```

这里字段cooler_typ被设定为主键。另一个字段glückszahl（幸运数字）或者其他可能的字段（如果有更多的话）不受影响。

这意味着，这个字段的内容必须是唯一的。因此，只能有一个Schrödinger（薛定谔）。其他字段不受影响。于是，几个不同的人有可能拥有相同的glückszahl——在这个表中只有名字是唯一的。

尝试使用现有的主键编写新记录时，将导致sqlite3.IntegrityError。当然，可以（也应该）为此编写一个错误处理程序。

从纯粹的技术角度来看，通过这样一个唯一的主键可以更有效地组织表。

【背景信息】

只有通过这样一个唯一的主键连接到其他表才能真正安全地工作。毕竟，如果有几个数据集，所有数据集都有相同的名称，那么应该使用哪一个数据集呢？

主键可以是常见的字段，也可以是专门为此目的创建的字段。也有所谓的复合主键，它可以由几个字段组成：如果姓（Müller或Schmidt）出现得更频繁，那么只需加上名字，也许还有出生日期，就可以将这些字段作为一个独有的特征，即复合主键一起使用。

对抗病毒

到这里为止，我已经向你展示了最重要的内容。现在，你的任务是创建表对抗病毒，并输入现有数据。

【艰巨的任务】

编写一个函数，创建数据库strategie.db和两个必要的表——viren_typ和viren，并编写另一个函数，将现有数据写入该表。

```
import sqlite3
def erzeuge_tabellen():*1
    verbindung = sqlite3.connect("strategie.db")
    cursor = verbindung.cursor()*2

    sql = '''CREATE TABLE viren(
          name TEXT PRIMARY KEY, typ INTEGER, status TEXT
         );'''
    cursor.execute(sql)*3
    sql = '''CREATE TABLE viren_typ(
          typ INTEGER PRIMARY KEY,groesse INT,signatur TEXT
         );'''
    cursor.execute(sql)*3

    verbindung.commit()*4
    verbindung.close()
erzeuge_tabellen()*5
```

*1 使用一个自己的函数创建表。

*2 这里建立一个到数据库的连接并创建一个光标对象。

*3 SQL命令被写入变量，然后直接通过光标执行，以进一步处理。

*4 所有操作都被执行，然后终止数据库连接。

*5 最后，立即调用函数。

【笔记】

顺便说一句，在这种目标明确的情况下，使用始终相同的变量sql是可以的（也是非常常见的）。在每次（新）调用光标之前，它都会被一个新字符串覆盖。

看看这两个SQL查询：

*1 通过这个SQL命令创建表viren。

*2 括号内是所有带数据类型的列或字段。

```
CREATE TABLE viren*1(
     name TEXT PRIMARY KEY*3, typ INTEGER*4, status TEXT*5);*2
```

*3字段name是TEXT类型，并被定义为主键。在这个表中，这个字段里的内容不能有两次。

*4这里的（病毒）类型是一个数字……

*5……status作为一个文本字段被创建。

```
CREATE TABLE viren_typ*1(
     typ INTEGER PRIMARY KEY*2,groesse INT*3,signatur TEXT);
```

*1 这里，表viren_typ被创建。

*2字段typ是INTEGER类型的，并且是这个表的主键。

*3病毒的大小被创建为INTEGER，这里写作INT（为了表明“身份”，这样也是可以的）。

调用该函数后，必要的表被创建。

在数据库浏览器中，选项卡上的数据库结构看起来像是这样的：

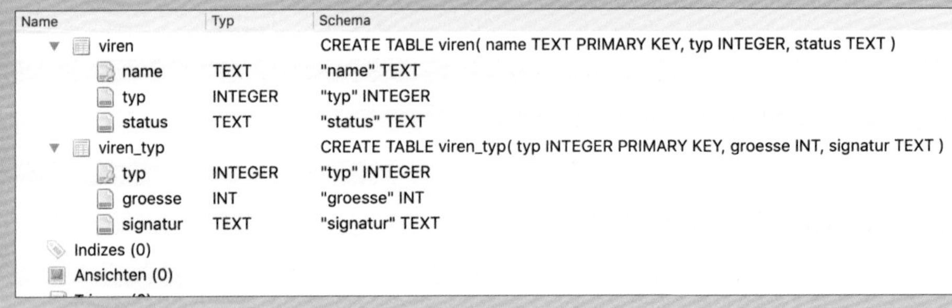

Name	Typ	Schema
viren		CREATE TABLE viren(name TEXT PRIMARY KEY, typ INTEGER, status TEXT)
name	TEXT	"name" TEXT
typ	INTEGER	"typ" INTEGER
status	TEXT	"status" TEXT
viren_typ		CREATE TABLE viren_typ(typ INTEGER PRIMARY KEY, groesse INT, signatur TEXT)
typ	INTEGER	"typ" INTEGER
groesse	INT	"groesse" INT
signatur	TEXT	"signatur" TEXT
Indizes (0)		
Ansichten (0)		

一个新数据库中的两个表

数据库浏览器可以清晰地显示表的结构，甚至可以显示用于创建表的SQL代码。尽管对于SQLite来说，INT和INTEGER都一样，但实际显示的是所选的INT类型。因此，如果想把表迁移到另一个数据库系统，也不会丢失任何信息。

每个表只能创建一次——如果一个表已经存在，那么将出现错误。新表的结构是相同的还是有所改变都无关紧要。尤其是在试验阶段，这可能是一个麻烦。但是，作为预防措施，可以在CREATE命令之前，事先在函数中删除表：

命令很明确：如果表已经存在，则删除它们。

```
cursor.execute("DROP TABLE IF EXISTS viren;")
cursor.execute("DROP TABLE IF EXISTS viren_typ;")
```

【注意】

这为你用CREATE命令创建新表或修改表扫清了道路。当然，你应该知道你在做什么，因为这些表中现有的数据之后会永远消失。

但进一步说，表的结构只是第一部分。现在必须输入关于病毒类型的数据和关于病毒本身的数据。同样，这也要作为一个函数来完成。

```
def schreibe_daten():
    verbindung = sqlite3.connect("strategie.db")
    cursor = verbindung.cursor()

    sql = '''INSERT INTO viren_typ(typ, groesse, signatur)
    VALUES(1,128,'ABAABA'),(2,256,'ABAABA'),(3,256,'BCCBCB')
    '''
    cursor.execute(sql)*1
    sql = '''INSERT INTO viren(name, typ, status)
        VALUES ('T800', 1, 'aktiv'),
               ('T803', 2, 'aktiv'),
               ('Bitl3', 3, 'aktiv'),
               ('Gorf3', 1, 'aktiv'),
               ('Gorf7', 2, 'aktiv')'''
    cursor.execute(sql)*2
    verbindung.commit()
    verbindung.close()
schreibe_daten()*3
```

*1在这里，我们编写病毒类型的数据。我们不需要多个SQL命令，并且也不需要每次都用一个execute命令，所有数据都用逗号分隔，写入INSERT。

*2病毒数据也采取同样的操作。

*3最后是调用我们的函数。

我们现在没有时间休息啦！

好的，那么，

我该如何从表中读取数据呢？

当然，数据库浏览器对于查看并控制所有内容是很有帮助的，但你不能继续使用这些数据。因此，我将向你展示用于查询数据的SQL命令。然后，你将编写另一个函数，在该函数中输出所有数据。

用SQL查询一个表中所有数据看起来是这样的：

*1 该命令是SELECT。这样数据库知道它要选择并返回数据。

```
SELECT*1 **2 FROM*3 viren_typ;
```

2 “”代表一切，即所有列都要被返回。也可以在这里指定只返回某些列，例如，只返回Größe（大小）列。

*3 通过使用FROM，指定从哪个表获取数据。

结果会是这样的（目前只是纯数据结果，不包括Python代码）：

```
1, 128, 'ABAABA'
2, 256, 'ABAABA'
3, 256, 'BCCBCB'
```

如果只想在结果中显示Typ（类型）和Größe（大小），那么看起来是这样的：

```
SELECT typ, groesse FROM viren_typ;
```

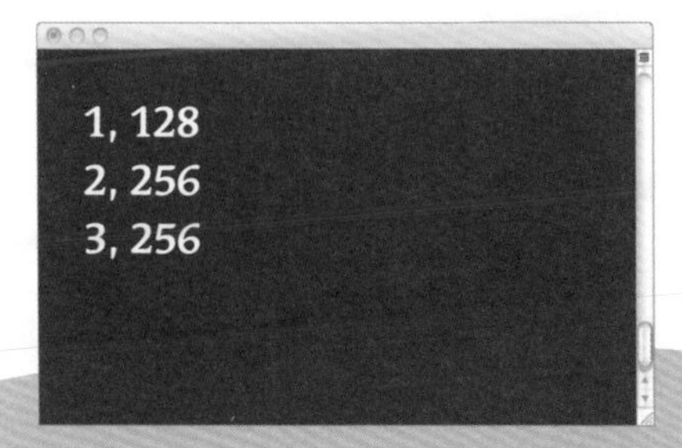

没有在查询中列出的所有列都不会作为结果返回。使用的列的顺序是由你决定的。你还可以这样写，结果将按如下顺序排列：

```
SELECT groesse, typ FROM viren_typ;
```

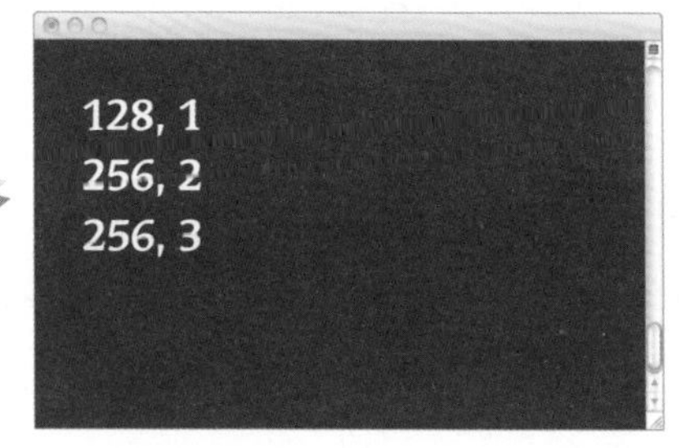

非常简单！

我如何在Python中做这个查询？

fetchall()、fetchmany()、fetchone()方法——所有、许多、一个

到查询和调用execute()方法为止，一切都与其他查询相同！你只需要从光标对象中获取返回的结果。这可以通过光标对象的fetchall()、fetchmany()或fetchone()中的一个方法完成。其含义几乎是不言而喻的。

- fetchall()方法一次性获取所有记录。如果涉及较少的记录，这是一个不错的选择。但如果有几千条（或更多）记录，这可能给计算机系统带来明显的负担。
- 在这种情况下，fetchmany()方法是一个不错的选择：你可以通过参数指定一次返回多少条记录。默认值是1，否则必须指定一个所需的整数值作为参数。
- fetchone()方法从搜索结果中准确地获取一条数据——不多也不少。

然而，fetchmany()方法和fetchone()方法并不局限于这个子集。每一次额外的调用都会获取下一条记录的“包”或下一条记录。因此，也可以用这两个命令来遍历整个结果集——只是以小模块和更节省资源的方式。

这是用fetchall()方法获取所有记录的样子：

```
sql = '''SELECT * FROM viren_typ;'''
cursor.execute(sql)
ergebnis = cursor.fetchall()
```

所有内容都包括在内：返回一个把所有记录作为一个元组的列表。

```
[(1, 128, 'ABAABA'), (2, 256, 'ABAABA'), (3, 256, 'BCCBCB')]
```

为了防止数据太多，这里是用fetchmany()方法的两条记录：

```
ergebnis = cursor.fetchmany(2)
```

这里也是如此，每次调用都以元组的形式返回一个有指定数量记录的列表。

```
[(1, 128, 'ABAABA'), (2, 256, 'ABAABA')]
```

如果输出了所有记录，则在进一步调用时将得到一个空列表。因此，我们的数据可能如下所示：

```
[(1, 128, 'ABAABA'), (2, 256, 'ABAABA')]
[(3, 256, 'BCCBCB')]
[]
```

如果只需要一条记录（或者单个记录），那么fetchone()方法是正确的选择：

```
ergebnis = cursor.fetchone()
```

每次fetchone()方法将返回一个元组，也就是一条记录。

```
(1, 128, 'ABAABA')
```

如果所有记录在多次调用后被返回，则将会在接下来的调用中得到结果NONE。

还有一个建议：作为fetchall()方法的替代方案，你也可以直接使用光标，用for in直接遍历对象。每次运行你会得到一个带有一条记录的元组。

```
cursor.execute(sql)
for ergebnis in cursor:
    print(ergebnis)
```

每次运行你会得到一个带有一条记录的元组。

我的正电子开始失效了，薛定谔！

我们没有多少时间了！

找到正确的防御策略

这里有新的数据。它们显示出系统中哪里存在病毒程序。

name（名称）	ort（地点）	vorfall（故障）
T800	HD	NONE
Gorf7	BIOS	Störung
T800	RAM	NONE
Gorf3	CPU	NONE

你必须创建一个合适的表并输入数据。为此，请你写一个函数，其中的数据可以通过输入法输入。然后，你必须尝试分析数据和制定防御战略。赶快！

【简单的任务】

为函数erzeuge_tabellen()添加并创建另一个表vorfall。确保在创建之前，存在的表已经被删除。

```
def erzeuge_tabellen():
    verbindung = sqlite3.connect("strategie.db")
    cursor = verbindung.cursor()*1

    cursor.execute("DROP TABLE IF EXISTS viren;")
    cursor.execute("DROP TABLE IF EXISTS viren_typ;")
    cursor.execute("DROP TABLE IF EXISTS vorfall;")*2

    sql = '''CREATE TABLE viren(
      name TEXT PRIMARY KEY,typ INTEGER,status TEXT)'''
    cursor.execute(sql)*3
    sql = '''CREATE TABLE viren_typ(
      typ INTEGER PRIMARY KEY,groesse INT,signatur TEXT)'''
    cursor.execute(sql)*3
    sql = '''CREATE TABLE vorfall(
         name TEXT, ort TEXT, vorfall TEXT*5)'''
    cursor.execute(sql)*4
    verbindung.commit()
    verbindung.close()
erzeuge_tabellen()
```

*1 直到这里，函数保持不变。

*2 这里所有表都被删除。安全起见，新的表也是包括在内的。

*3 前两条CREATE命令保持不变，但格式略有不同，以节省几行用于此处的表示。

*4 这是新的。这里创建表vorfall。

*5 该表有三列，所有这些都被创建为TEXT。

现在可以执行erzeuge_tabellen()和schreibe_daten()函数，你又回到了原来的状态：两个有数据的基本表。空表vorfall是新的内容，现在必须用数据来填充它。

要做到这一点，必须写一个输入，但只有当输入的病毒存在于数据库中，你的输入才应该被写入新的表!

我读出表viren中的所有记录并把它们与输入比较?

啊，我的正电子不再正常工作了。这就容易多了!

我好像还没有给你展示如何用WHERE来选择!

关于WHERE

你可以用条件限制一个SELECT查询。这类似Python中的条件——在这里，只有符合条件的记录才会被返回。

例如，如果搜索名称“Bit13”，则SQL查询可能如下所示：

*1到这儿为止，它还是一个正常的查询，否则将返回表viren的所有列。这你已经知道了。

```
SELECT * FROM viren*1 WHERE*2 name = 'Bit13'*3;
```

*2然而，并非所有的记录都被返回，只返回符合以下条件的记录。

*3如果列name的内容和Bit13相同，那么这条记录在结果中被返回。

在SQL命令中，字符串必须用单引号或双引号括起来（通常是单引号），否则数据库会认为，你指的是以该名称命名的列。

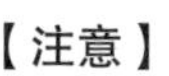

【注意】

在SQL中，使用一个简单的“=”进行比较！

【背景信息】

当然，还可以在WHERE中使用其他的关系运算符。经典的有“>”或“<”，以及“>=”或“<=”。还有不等式“！=”。使用LIKE和占位符“%”（用于任何字符）可以搜索子字符串：LIKE '%Bit%' 可以找到'Bit42'或'EinBitMehr'；LIKE 'Bit%'可以找到'Bit14'，但不会找到'EinBitMehr'。

但是我想知道，它是否匹配一个相应的结果？

当然！可以通过使用len()函数对fetchall()方法的结果进行检测，以便查询匹配的结果数量。

```
cursor.execute("SELECT name FROM viren WHERE name = 'Bit13';")
ergebnis = cursor.fetchall()
print(len(ergebnis))
```

使用fetchall()方法，这似乎不是特别简约，但通常情况下，你不仅想知道有多少数量，而且想处理返回的记录。例如，输出或处理所有内容。

【注意】

每次用fetch()方法的访问都会改变光标的内容。fetchall()方法后的光标内容是空的，当用fetchall()方法再次访问时，会返回一个空的结果。在fetchone()方法后，光标移动到结果集的下一个元素！

因此，将结果赋给一个变量是有意义的，以便为进一步的任务保留结果。

请继续……

如果用fetchone()方法操作，就可以更美观一点。如果在相同的SQL命令下没有找到数据，那么结果就是None，然后你就可以在程序中做出相应的回应。

然后，在SQL中还有COUNT……

使用COUNT可以直接返回结果的数量，确切地说，是一个元组中的第一个（也是唯一的）元素。

*1 COUNT计算出结果并返回一个包含一个元素的元组——不会返回其他结果。

```
cursor.execute('''SELECT COUNT(name)*1 FROM viren
                    WHERE name = 'Bit13';''')
ergebnis*4 = cursor.fetchone()
print(ergebnis*2, ergebnis[0]*3)
```

*3 这样你就可以直接访问要找的数字。

*4 当然，你可以多次访问该变量。

*2 这就是结果，一个包含一个元素的元组——结果的数量。

如果没有变量，就会出现错误，因为光标已经在第一次调用时被清空：

```
cursor.execute('''SELECT COUNT(name) FROM viren
                    WHERE name = 'Bit13';''')
print(cursor.fetchone(), cursor.fetchone()[0])
```

直接访问光标，第一次会返回一个含有一个元素的元组。但在第二次访问时，光标已经移到了下一个并不存在的元素：光标返回None。而None是不存在元素0的，所以不存在[0]！

但是，这样好复杂，而且代码越来越长！

你可以用with缩短和简化！

借助with更好地进行数据连接

你已经在处理文件和文件夹时知道了with。

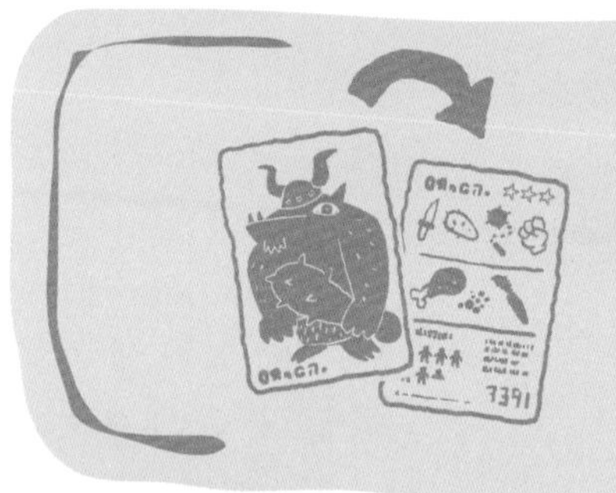

【背景信息】

通过with你可以借助资源，即文件或数据库的连接，进行处理。你可以与一个文件（或者一个数据库）建立连接，with会处理这一切。如果退出了with代码段，那么所有内容都被清理，连接也被关闭。

这样从下面这行……

```
verbindung = sqlite3.connect("strategie.db")
```

以及相关的这些……

```
verbindung.commit()
verbindung.close()
```

产生美观的这行……

```
with sqlite3.connect("strategie.db") as verbindung:
```

……使用它，你就像是在使用控制流程进行操作。相应的代码缩进到下面。

继续学习有指定输入的程序

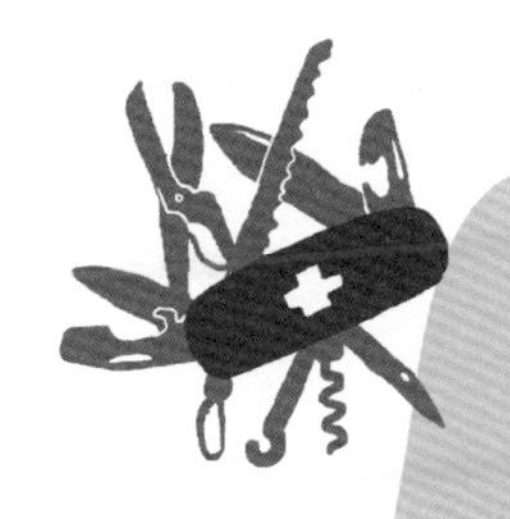

【艰巨的任务】

编写一个函数eingabe()，在这个函数中可以输入病毒的名称、事件的地点和类型，然后检查指定的名称是否存在于表viren中。如果该名称不存在，该输入应被舍弃。如果输入正确，将调用另一个函数speichere_aktion()，数据之后可以保存在这个函数中。

哎，

这也不是那么难！

你可以将这部分代码写入一个单独的程序，否则erzeuge_tabellen会在每次启动程序时创建新的空表。

函数看起来是这样的：

```
import sqlite3
def eingabe():
    with sqlite3.connect("strategie.db") as verbindung:*1
        cursor = verbindung.cursor()
        while True:*2
            name = input("Name des Virus: ")
            if not name:
                break
            ort = input("Ort: ")
            vorfall = input("Vorfall: ")*3
            sql = f"SELECT * FROM viren WHERE name = '{name}';"*4
            cursor.execute(sql)
            if cursor.fetchone():*5
                speichere_aktion(name, ort, vorfall)*6
            else:
                print("Virus ist unbekannt!")
    print("Eingabevorgang wurde beendet.")
def speichere_aktion(virus, ort, vorfall):*7
    pass
eingabe()*8
```

*1 通过with迅速建立数据库连接，避免了在结束时清理和关闭连接的麻烦。

*2 Python-Style中的循环——只有当输入名称为空时才结束，并立即在if处检查。

*3 这里是输入值的位置。

*4 在这里使用经典查询，并给出和输入名称一样的数据。

*5 仅当数据库中存在对应项时，fetchone()方法才返回一个值。只有这样，病毒才能被识别和储存。也可以将其编写为cursor.fetchone() != None。

*6 如果结果不是None，则表示在表中找到了病毒的名称，然后该输入会被传递给另一个函数speichere_aktion()。

*7 这是函数speichere_aktion()的定义。这里，之前检查过的参数应存储在正确的表中。

*8 虽然目前还有很多工作要做，但这里已经有了函数的调用。重要的是，在函数之后进行调用！

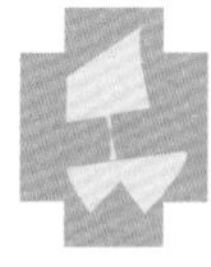

当然，如果在自己的一个程序中编写，才需要调用import sqlite3。

如果输入的名称在数据库中无法找到，就会显示一条提示。无论如何你都可以输入接下来的数据——直到名称条目为空。

一个函数，存储所有

看起来不错。现在要做的就是编写可以存储数据库事件的函数，并且这些事件已经确定是正确的。赶快！

【简单的任务】

添加函数speichere_aktion()，以便存储位于表vorfall中的传输数据。

*2参数不需要和调用函数时的名称相同，也不需要与表字段的名称相同。因此，完全可以使用不同的名称。

*1 函数接收输入的数据并将其作为参数。

*3使用with可以快速建立连接，还可以省去关闭数据库连接的操作。

```
def speichere_aktion(bezeichnung*2, ort, vorfall)*1:
    with sqlite3.connect("strategie.db") as verbindung:*3
        cursor = verbindung.cursor()
        sql = f'''INSERT INTO vorfall(name, ort, vorfall)*4
                VALUES (
                '{bezeichnung}', '{ort}', '{vorfall}'*5
                );'''
        cursor.execute(sql)*6
```

*4括号中给出表字段的正确名称——在SQL中不带引号。

*6当然，execute()方法不能缺失——尽管有with，它仍然是需要的。

*5VALUES中的值是以合适的顺序传递给函数的值。这些值在SQL中必须包含在单引号或双引号中，其顺序与*4中的值相同。

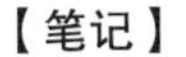

【笔记】

目前，每个函数都建立了与数据库的连接。当然，也可以在以后进行优化并使用连接，然后将其作为参数传递。

现在，你必须快速收集这些数据并对其进行分析！在这期间，列表已经变得越来越长了！来自病毒的攻击越来越多！

name（名称）	ort（地点）	vorfall（故障）
T800	HD	NONE
Gorf7	BIOS	Störung（故障）
T803	BIOS	Störung
Gorf7	HD	NONE
Bit13	CPU	NONE
Bit13	BIOS	Störung
Gorf3	BIOS	NONE
T800	Treiber（驱动器）	Störung
Bit13	HD	Störung
Gorf3	Treiber	Störung
T803	CPU	NONE

如果不想输入那么多，可以直接舍弃像Gorf3和Gorf7这样的一些病毒。

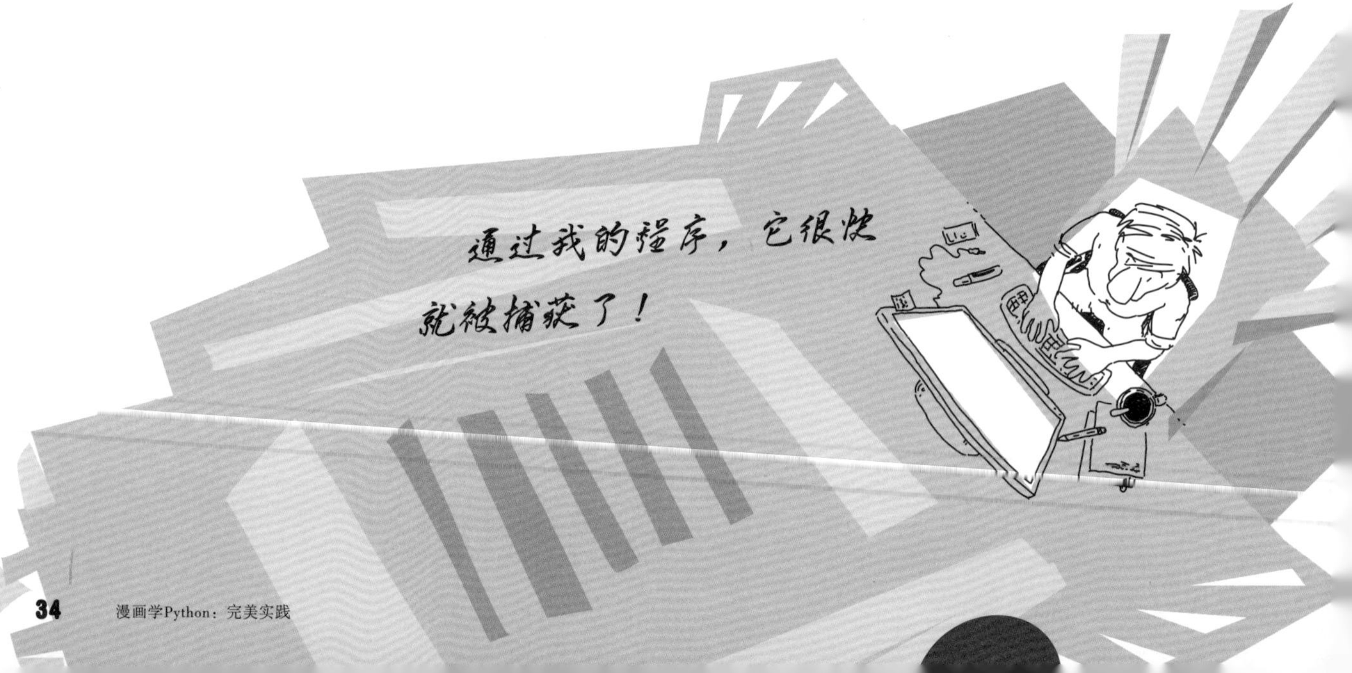

通过我的程序，它很快就被捕获了！

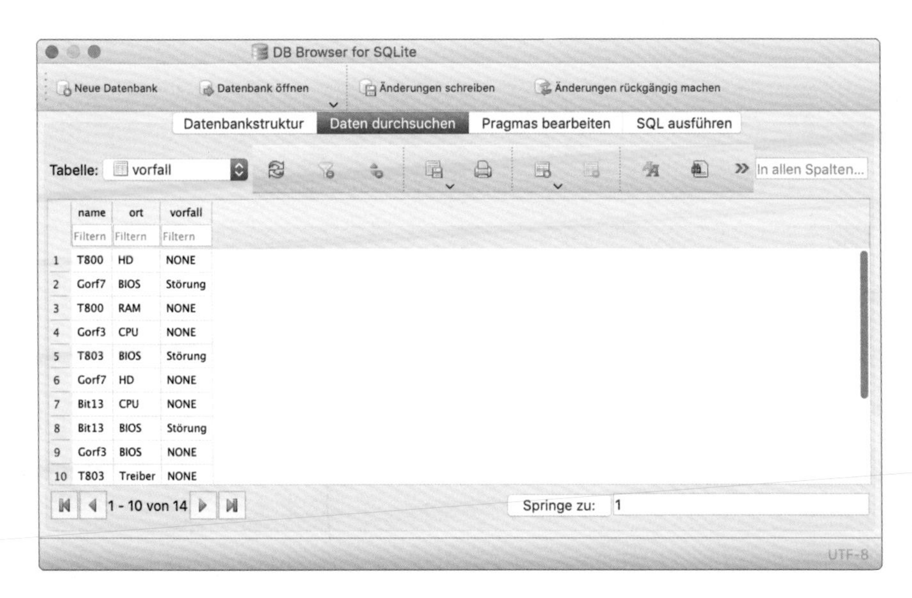

	name	ort	vorfall
1	T800	HD	NONE
2	Gorf7	BIOS	Störung
3	T800	RAM	NONE
4	Gorf3	CPU	NONE
5	T803	BIOS	Störung
6	Gorf7	HD	NONE
7	Bit13	CPU	NONE
8	Bit13	BIOS	Störung
9	Gorf3	BIOS	NONE
10	T803	Treiber	NONE

在Tabelle: vorfall下的选项卡Daten durchsuchen中可以看到，所有表都已创建，所有数据都已获取。

是时候对抗病毒了——数据分析

薛定谔！现在必须将现有数据联系起来并加以分析。

我们需要看看，哪里发生了故障（Störung）！
SQL命令如下所示：

```
SELECT *[1] FROM vorfall[2]
WHERE[3] vorfall = 'Störung'[4];
```

*1 首先，我们输出带结果的表的所有列。

*2 为此我们获取新表vorfall的数据……

*3 ……并且将结果限制在以下情况下……

*4 ……数据的列为'Störung'。

在理想情况下，每个SQL命令都用分号结束，但如果你只有一个命令，这就不是强制性的。

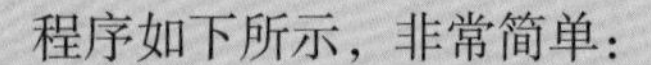

程序如下所示，非常简单：

*1一定的统一性是不错的。但是，也可以给你的变量和对象用不同的名称。

```
import sqlite3
with sqlite3.connect("strategie.db") as daten*1:
    zeiger*1 = daten.cursor()
    sql = '''SELECT * FROM vorfall
          WHERE vorfall = 'Störung';'''
    zeiger.execute(sql)*2
    print(zeiger.fetchall())*3
```

*2不要忘记execute()！

*3 这一个简单的输出就足够了。

当然，作为一个单独的程序，必须再次调用sqlite3。

```
[('Gorf7', 'BIOS', 'Störung'), ('T803', 'BIOS', 'Störung'),
('Bit13', 'BIOS', 'Störung'), ('T800', 'Treiber', 'Störung'),
('Bit13', 'HD', 'Störung'), ('Gorf3', 'Treiber', 'Störung')]
```

这样的输出不太清晰。你应该能做得更好，不是吗？或许可以将SQL命令作为通用函数的参数进行传递？

【艰巨的任务】

编写一个函数ausgabe_abfrage()，可以将SELECT命令传递给该函数，并从中创建格式化的输出。如果无法读取SQL命令或在读取数据时出现问题，则应该创建错误处理程序。

我究竟该怎么把数据写得更清晰呢？

重要的是数据相互匹配。你可以使用制表符，但由于值的宽度不同，这不是普遍适用的。

【笔记】
一个简单的解决方案：假设所有的列都有一个固定的宽度。在我们的例子中，没有一个值多于6或7个字符，因此9个字符的列宽绝对足够。现在你只需要知道每个值有多长，然后用空格填充到9个字符的空隙就完成了格式化的输出，其中的所有值都精确地互相匹配。

解决方案可能这样或与之相似：

*2 这里输入与数据库访问相关的所有内容，因此至少可能导致一个错误。

*1 使用with建立与数据库的连接。

```
def ausgabe_abfrage(sql_abfrage):
    with sqlite3.connect("strategie.db") as daten:*1
      try:*2
        zeiger = daten.cursor()
        zeiger.execute(sql_abfrage)*5
        for datensatz in zeiger:
            for wert in datensatz:
                wert = str(wert)
                print('| ', wert, " " * (9 - len(wert)), end="")
            print("|")
      except sqlite3.OperationalError:*3
        print("Tabelle nicht gefunden!")
      except:*4
        print("Daten konnten nicht bearbeitet werden!")
```

*5即使不用fetchall()方法，也可以获取所有结果，并在以下for循环中遍历所有返回的数据。

*4这个通用的部分是可选的，因为有针对性地捕获错误总是更好。

*3如果无法访问表，或者根本无法读取SQL命令，则会发生sqlite3.OperationalError，这里将处理该错误。

每个单独的数据在循环中作为元组被返回。为了使所有内容的格式更易读，使用简单的print在几行中构建列表来表示：

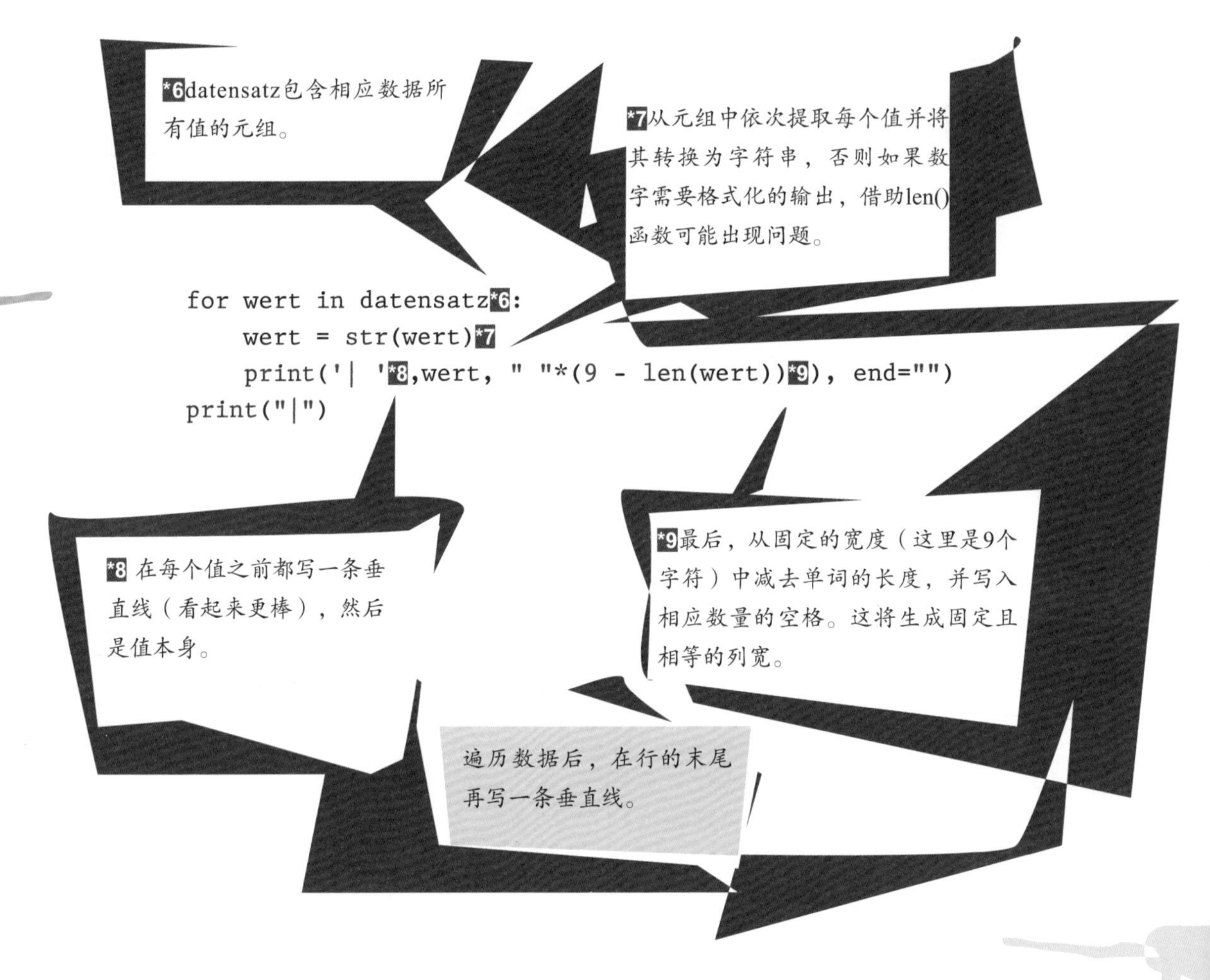


```
for wert in datensatz*6:
    wert = str(wert)*7
    print('| '*8,wert, " "*(9 - len(wert))*9), end="")
print("|")
```

这三个命令行是非常简单的解决方案，它完全还可以扩展，例如在命令行之间有匹配的行。

缺少的就是查询和调用我们的函数！

快速分析的最佳时机

都准备好了，让我们开始分析吧，薛定谔！

首先，我们查看表vorfall中的所有数据，实际上正是因为它们，计算机系统才受到攻击并发生故障（Störung）：

```
sql = "SELECT * FROM vorfall WHERE vorfall = 'Störung';*1"
ausgabe_abfrage(sql)*2
```

*2在这里，SQL表达式被传递给新函数。

*1这是一个简单的SQL表达式，它不查询整个表，而只查询列vorfall中包含值“Störung”的数据。

```
| Gorf7  | BIOS    | Störung |
| T803   | BIOS    | Störung |
| Bit13  | BIOS    | Störung |
| T800   | Treiber | Störung |
| Bit13  | HD      | Störung |
| Gorf3  | Treiber | Störung |
```

在这里看到结果。

这样已经有所改善，但我们需要从数据库中得到更准确的信息。我们需要知道每种病毒的类型。

在表viren中有这方面的信息。

我们能把这个找回来吗？

如果数据具有相同的属性，则可以将两个表联系在一起。在表vorfall中有病毒的名称，在表viren中也有一个字段，其中包含病毒的名称。这两个列的字段名称是否相同并不重要——重要的是其中包含的值。

通过这些相同的值，可以将这两个表联系起来。

这方面的命令是JOIN，并且该命令由第二个表的信息补充。为此，必须使用ON进行指定，通过哪些字段或哪个属性可以搜索到一个连接。

*1表vorfall与表viren相关联。

*2特别是，当列name中的值匹配时。

```
SELECT * FROM vorfall
JOIN viren*1
ON viren*3.name = vorfall*3.name*2
WHERE vorfall = 'Störung';
```

*3为了弄清指向哪些字段，两个表中出现的名称（相同）必须与表名一起显示。

这张表明显大得多，有更多的信息。现在可以看到病毒的类型（Typ），以及它是否处于活跃状态（aktiv）。不幸的是，我们现在看到了重复的名字。

```
| Gorf7  | BIOS    | Störung | Gorf7 | 2  | aktiv |
| T803   | BIOS    | Störung | T803  | 2  | aktiv |
| Bit13  | BIOS    | Störung | Bit13 | 3  | aktiv |
| T800   | Treiber | Störung | T800  | 1  | aktiv |
| Bit13  | HD      | Störung | Bit13 | 3  | aktiv |
| Gorf3  | Treiber | Störung | Gorf3 | 1  | aktiv |
```

在查询过程中，数据库检查vorfall中的每条数据，以确定另一个表中是否存在对应的病毒。如果是，则添加此数据。你可以从上面的输出中看到结果。但是这样的联系不是排他性或1：1的。表viren中的字段可以任意多次与表vorfall中的字段关联。这是一件好事，因为我们希望数据库中的信息尽可能精简，同时也希望在表示和分析时尽可能准确。

但是，我们可能不想把所有列都作为结果，而是有针对性地指定我们需要哪些列以及它们的顺序。为此，只需要按照想要的顺序输入列名称，而不是在SELECT之后输入“*”：

```
SELECT vorfall.name, viren.typ, vorfall.ort, vorfall.vorfall
FROM vorfall JOIN viren ON viren.name = vorfall.name
WHERE vorfall = 'Störung';
```

把表的名称与列的名称一起写入，用一个点号分隔，并以想要的方式排序。

棒极了，

但这不是需要进行很多输入吗？

别担心。如果一个列仅存在于一个表中，则可以省略输入该表。此外，你可以在查询中为表指定其他（更短的）名称。这需要使用AS和一个新名称：

*1在此查询中，表vorfall重命名为fall。

*2表viren变成了一个更短的v。

*3重命名后，必须相应地调整此查询中所有的表名称。

```
SELECT fall.name, v.typ, ort*4, fall.vorfall*3
FROM vorfall AS fall*1
JOIN viren AS v*2 ON v.name*3 = fall.name*3
WHERE vorfall*4 = 'Störung';
```

*4但是，如果名称是唯一的，并且仅存在于一个表中，则不需要使用它们。

当然，可以用结果进行更多操作！例如，可以对行进行自动排序。这可以通过ORDER BY和要排序的列的名称来完成。甚至可以指定多个列名，用逗号分隔。如果没有进一步的要求说明，则为升序：小值在前，大值在后。可以使用ASC（ascendig，升序）和DESC（descending，降序）定义如何排序：

```
SELECT fall.name, v.typ, fall.ort, fall.vorfall
FROM vorfall AS fall
JOIN viren AS v ON v.name = fall.name
WHERE vorfall = 'Störung'
ORDER BY typ ASC;
```

在这里，所有行都按照列typ（类型）的内容进行排序，确切地说，是使用ASC进行升序排序。实际上，可以省略ASC，因为它是排序的默认设置。

我们的结果已经完全不同了：

```
| T800   | 1   | Treiber | Störung |
| Gorf3  | 1   | Treiber | Störung |
| Gorf7  | 2   | BIOS    | Störung |
| T803   | 2   | BIOS    | Störung |
| Bit13  | 3   | BIOS    | Störung |
| Bit13  | 3   | HD      | Störung |
```

哇！

这太有趣了！

病毒总是在系统中的相同位置造成干扰！如果是同一种病毒，情况总是一样的！类型1的病毒总是在驱动程序中造成干扰，类型2的病毒在BIOS中造成干扰！类型3的病毒会导致BIOS和HD（硬盘）故障。

薛定谔！就是这样！我终于可以用它来对付病毒了。我只需要确定它是什么病毒，就能知道它造成哪些损害。我的系统得救了！

这是给你的全部代码，薛定谔。通过with使用和不使用表viren和viren_typ的正常输出，在格式上更节省空间。

以下用于创建表和第一个数据：

```
import sqlite3
def erzeuge_tabellen():
    with sqlite3.connect("strategie.db") as verbindung:
        cursor = verbindung.cursor()
        cursor.execute("DROP TABLE IF EXISTS viren;")
        cursor.execute("DROP TABLE IF EXISTS viren_typ;")
        cursor.execute("DROP TABLE IF EXISTS vorfall;")
        sql = '''CREATE TABLE viren(
          name TEXT PRIMARY KEY,typ INTEGER,status TEXT)'''
        cursor.execute(sql)
        sql = '''CREATE TABLE viren_typ(
          typ INTEGER PRIMARY KEY,groesse INT,signatur TEXT)'''
        cursor.execute(sql)
        sql = '''CREATE TABLE vorfall(
          name TEXT, ort TEXT, vorfall TEXT)'''
        cursor.execute(sql)
def schreibe_daten():
    with sqlite3.connect("strategie.db") as verbindung:
        cursor = verbindung.cursor()
        sql = '''INSERT INTO viren_typ(typ, groesse, signatur)
          VALUES (1, 128, 'ABAABA'),(2, 256, 'ABAABA'),
          (3, 256, 'BCCBCB');'''
        cursor.execute(sql)
        sql = '''INSERT INTO viren(name, typ, status)
          VALUES ('T800', 1, 'aktiv'),('T803', 2, 'aktiv'),
          ('Bit13', 3, 'aktiv'),('Gorf3', 1, 'aktiv'),
          ('Gorf7', 2, 'aktiv');'''
        cursor.execute(sql)
erzeuge_tabellen()
schreibe_daten()
```

以下是输入和相应保存的所有内容：

```
import sqlite3
def eingabe():
    with sqlite3.connect("strategie.db") as verbindung:
        cursor = verbindung.cursor()
        while True:
            name = input("Name des Virus: ")
            if not name:
                break
            ort = input("Ort: ")
            vorfall = input("Vorfall: ")
            sql = f"SELECT * FROM viren WHERE name = '{name}';"
            cursor.execute(sql)
            if cursor.fetchone():
                speichere_aktion(name, ort, vorfall)
            else:
                print("Virus ist unbekannt!")
    print("Eingabevorgang wurde beendet.")
def speichere_aktion(bezeichnung, ort, vorfall):
    with sqlite3.connect("strategie.db") as verbindung:
        cursor = verbindung.cursor()
        sql = f'''INSERT INTO vorfall(name, ort, vorfall)
                 VALUES ('{bezeichnung}','{ort}','{vorfall}');'''
        cursor.execute(sql)
eingabe()
```

下面是查询和分析数据的程序：

```
import sqlite3
def ausgabe_abfrage(sql_abfrage):
    with sqlite3.connect("strategie.db") as daten:
      try:
        zeiger = daten.cursor()
        zeiger.execute(sql_abfrage)
        for datensatz in zeiger:
            for wert in datensatz:
                wert = str(wert)
                print('|', wert, " " * (7 - len(wert)), end="")
            print("|")
      except sqlite3.OperationalError:
        print("Tabelle nicht gefunden!")
      except:
        print("Daten konnten nicht bearbeitet werden!")
sql = '''
  SELECT fall.name, v.typ, fall.ort, fall.vorfall
  FROM vorfall AS fall
  JOIN viren AS v ON v.name = fall.name
  WHERE vorfall = 'Störung' ORDER BY typ ASC;'''
ausgabe_abfrage(sql)
```

最后——借助UPDATE进行更改

薛定谔！多亏了数据库分析，我才得以清楚病毒并对一些病毒进行拦截。但是，你仍然需要将这些信息存储在表中。

首先，需要知道哪些病毒是活跃的。

【艰巨的任务】
为现有函数ausgabe_abfrage()编写查询代码。所有aktiv（活跃）状态的病毒都会被输出。在该表中，除了病毒的类型外，还必须输出存储在表viren_typ中的签名。

哦！
这我能做到！

SQL查询可以作为字符串赋给变量，然后作为参数传递给函数：

```
sqlViren = '''
SELECT v.name, v.typ, vt.signatur, v.status*4
FROM viren AS v*1
JOIN viren_typ*2 AS vt ON v.typ = vt.typ
WHERE status = 'aktiv'*3;'''
```

*1数据取自表viren，通过使用AS缩写为v。

*2如果指定的类型匹配，则需要表viren_typ与JOIN相连接的信息。这个表通过使用AS缩写为vt。

*3只考虑处于aktiv（活跃）状态的病毒（或值）。

*4在两个互相连接的表中，不是所有列都是必需的。仅按所需顺序指定所需的列——为了安全起见，需要同时给定表名（即使只有在两个表中都存在的列才需要）。

```
ausgabe_abfrage(sqlViren)
```

然后，函数ausgabe_abfrage()进行查询和输出：

```
| T800   | 1   | 128   | ABAABA | aktiv |
| T803   | 2   | 256   | ABAABA | aktiv |
| Bit13  | 3   | 256   | BCCBCB | aktiv |
| Gorf3  | 1   | 128   | ABAABA | aktiv |
| Gorf7  | 2   | 256   | ABAABA | aktiv |
```

这样我们就可以询问，哪些病毒对我的正电子仍然存在威胁，它们是什么状态。但是这里已经有了一些改变，你必须在表中输入。我明白了，我还得向你展示如何修改和删除数据。

你可以这样更改一个或多个数据：

*1关键字是UPDATE。这里必须指定表的名称。

*2使用SET设置新值。为此，请指定列的名称和一个新值。当然，可以通过用逗号分隔，更改命令中的多个值。

```
UPDATE spam*1
SET farbe = 'blau', gewicht = '100 kg'*2
WHERE eggs = 'Ein Wert'*3;
```

*3这里使用WHERE来限制受影响的数据。

根据在WHERE中的条件，一个具有唯一属性的特定数据（如唯一的ID）或者具有相同属性的多个数据将被更改。

【注意】
在使用UPDATE时，如果没有WHERE，表中的所有数据都将被新值覆盖！

删除数据的操作非常相似且非常简单：

*1 使用DELETE FROM和表的名称，可以指定从哪个表中删除数据。

```
DELETE FROM spam*1
WHERE eggs = 'Ein Wert'*2;
```

*2 比所有其他查询更重要的是这里的WHERE，你可以使用它来指定要删除的数据。根据条件的不同，可以是一个表中的一个、多个，甚至所有数据。

【注意】
如果未使用WHERE指定条件，那么表中的所有数据将被删除，并且不会进行询问。

因此，在使用UPDATE时，特别是在删除数据时，使用WHERE设置正确的条件很重要。

给你提一个建议，薛定谔：在更新或删除之前，可以使用一个简单的SELECT来测试你所使用的条件。这样操作快速且安全，并且可以立即看出哪些数据会受到预设更改（或删除）的影响！

很棒的想法！

【艰巨的任务】
编写一个函数，其中指定的病毒的状态可以更改为任何值。

调用如下所示：

```
setze_status_virus("Bit13", "inaktiv")
```

要传递两个参数：病毒名称和新状态。

我可以做到这一点！

```
def setze_status_virus(virus, status):*1
    with sqlite3.connect("strategie.db") as daten:*2
        zeiger = daten.cursor()
        abfrageVirus = f'''UPDATE viren
                         SET status = '{status}'
                         WHERE name = '{virus}';'''*3
        zeiger.execute(abfrageVirus)
```

*1这里定义函数，并接受参数。

*2通过with快速建立与数据库的连接！

*3在这里，创建SQL字符串并直接定义传递的值。

然后是上面的调用，病毒Bit13因此获得一个新的状态，并且通过函数ausgabe_abfrage()输出当前列表：

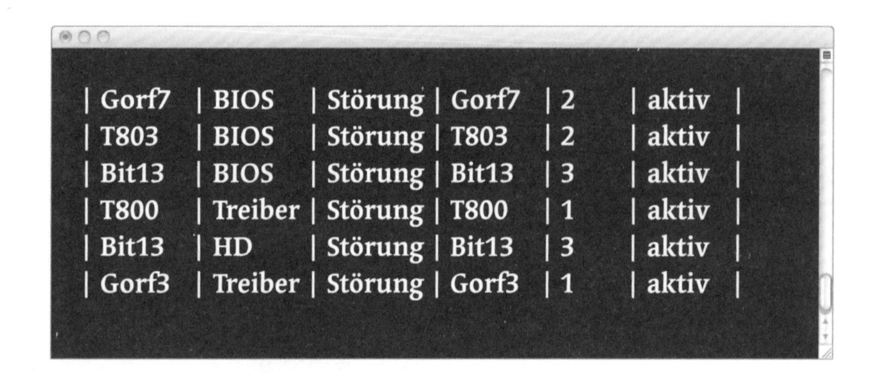

Gorf7	BIOS	Störung	Gorf7	2	aktiv
T803	BIOS	Störung	T803	2	aktiv
Bit13	BIOS	Störung	Bit13	3	aktiv
T800	Treiber	Störung	T800	1	aktiv
Bit13	HD	Störung	Bit13	3	aktiv
Gorf3	Treiber	Störung	Gorf3	1	aktiv

只有4个！

【笔记】

当然，如果没有符合指定条件的数据，则不能进行任何更改。这没有问题。没有错误！

太好了，薛定谔！你拯救了我。
现在我的正电子可以继续工作了！

薛定谔，你学到了很多关于数据库和SQL的知识，但还要向你介绍更多关于这个主题的知识，因为没有很多书是关于这个主题的。

因此，如果你想深入一点，这里有一个关于范式的相当简单的内容。

关于范式

有些理论可能看起来很枯燥，但幸运的是，在数据库的帮助下，这些理论非常接近现实运用。范式就是这样。听起来理论性强，但很容易付诸实践。

数据库有几个（5个）所谓的范式，它们可以指导判断一个数据库或一个表是否有意义。在不详细讨论范式的情况下，如果你考虑（甚至更好地实施）以下内容，那就对了：

- 让你的数据保持简单或数据库表示为：原子。你必须尽可能地细分数据。姓氏、名字或地址不属于一个字段，应尽可能地细分。因此，姓氏和名字属于各自的字段。就像一个地址的街道、门牌号、邮政编码和位置都应该存储在各自的字段中一样。

- 每个表都应该有一个唯一的主键。它可能是一个ID、一个名字或任何其他唯一的名称，它代表表中的数据。对于一个存储书籍的表来说，它可以是书名，或者最好是ISBN（书名不一定是唯一的）。如果没有真正唯一的元素，也可能有（例如）由名字、姓氏和出生日期组成的复合键，毕竟并不是所有的键都像Schrödinger（薛定谔）那样有一个唯一的名字。

- 只有真正匹配的数据才应存储在一个表中。如果数据与其他数据不完全匹配，或者可能甚至与主键无关，则应尝试将这些数据放在单独的表中。当前的雇主当然仍是个人资料的一部分，但雇主的公司地址或其税号却不一定。

这些范式本身并不是目的。只有当数据以尽可能小的结构存在并以合理的方式组织时，你才能通过查询挖掘必要的信息。

Name	Persönliches	Arbeit
Schrödinger	32 Jahre, männlich	Dinkel GmbH, Hamburg
Berta Hans	37 Jahre, weiblich	Korn AG, Köln

这样的表是保存数据的最糟糕的方式，因为你很难（实际上根本不可能）搜索特定的特征，而且根本无法根据任何特征对数据进行自由排序。

当然，

让我来修改一下！

Vorname	Name	Jahre	Geschlecht	Firma	Firmensitz
S.	Schrödinger	32	m	Dinkel GmbH	Hamburg
Berta	Hans	37	w	Korn AG	Köln

太好了，薛定谔！你把数据变成了第一范式。数据以最小的形式存在——它们是原子。你现在可以使用SQL检索和排序每个列和值！

我甚至还可以做得更好！

我做了两个表！

用下一种范式！

首先是人员数据表：

Vorname	Name	Jahre	Geschlecht	Arbeitgeber
S.	Schrödinger	32	m	Dinkel GmbH
Berta	Hans	37	w	Korn AG

还有一个公司数据表：

Firma	Firmensitz
Dinkel GmbH	Hamburg
Korn AG	Köln

没错！所有数据现在都在自己的表中。你还可以为每个表指定一个主键，这是一个不能重复出现的唯一属性。因此，这样的字段中的值总是唯一的。如果有人试图输入第二个Schrödinger（薛定谔），就会出现错误。姓名或公司名称是常用的主键。

并且，相应表中的所有列也将直接引用该主键。因此，毫无疑问地属于相应表。
欢迎来到第二和第三范式！

对于数据库来说，最简单的练习之一是在SQL查询中分析这样分割的数据，并以适当的方式合并这些数据。这种表的连接通过一个唯一的属性。在我们的例子中，通过Arbeitgeber（雇主）或Firma（公司）列进行连接，因为不同表中的名称不必相同——只需要内容相同。

然而，人们经常使用人工主键，因为如果要保存很多人的话，即使最漂亮的名字或公司名称也往往是模棱两可的，甚至名字和姓氏的组合也不安全。因此，为每个数据指定一个单独的ID是有用的。

这可能是这样的：

ID	Vorname	Name	Jahre	Geschlecht	Firma
1	S.	Schrödinger	32	m	Dinkel GmbH
2	Berta	Hans	37	w	Korn AG

还有一个公司数据表：

Firmen-ID	Firma	Firmensitz
1	Dinkel GmbH	Hamburg
2	Korn AG	Köln

你甚至不用担心这个ID。你可以将表设置为在每次输入新数据时自动分配一个唯一的递增ID。

使用这个（相当抽象的）ID来连接表更有意义——想象一下，Dinkel GmbH以Dinkel AG的名义运营！然后你必须在所有地方更改公司名称，包括人员数据表中的公司名称。对于这样的连接，最好使用ID，它永远不会被更改！

ID	Vorname	Name	Jahre	Geschlecht	Firma
1	S.	Schrödinger	32	m	1
2	Berta	Hans	37	w	2

顺便说一句，人员ID与公司ID一致的情况纯属巧合，这无关紧要。

要创建人员表，请执行以下操作：

*1字段id是主键，对于新记录，由于AUTOINCREMENT（自动递增），它会自动填充一个唯一的递增值。因此，这个值不是随机的，而是总比现有的最大ID大1。

```
CREATE TABLE person(
  id INTEGER PRIMARY KEY AUTOINCREMENT*1,
  vorname TEXT, name TEXT, jahre INT,
  geschlecht TEXT, firma*2 INT);
```

*2如果有同名的SQL名称，则只能在引号中写入字段（或列）的名称。

【背景信息】

如果把带有jahre（年）的列命名为alter，而不是jahre，则必须在引号中写入该名称——因为SQL中已经存在关键字alter，或者更确切地说，ALTER TABLE是一个可以修改现有表的命令（但我们不会在这里讨论这个问题）。

为了尝试，可以在（重新）创建之前删除表：

```
DROP TABLE IF EXISTS person;
```

当然，你要小心处理，因为已经包含的数据可能丢失且无法恢复。

顺便说一句，SQLite不需要强制的AUTOINCREMENT，而是提供了一个特殊功能。

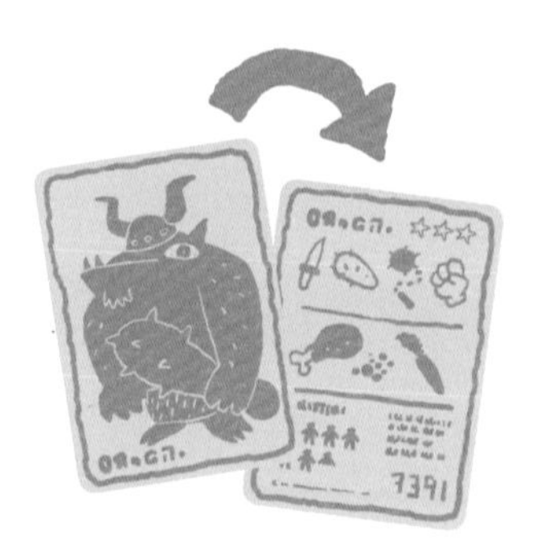

【背景信息】

如果在SQLite中使用INTEGER PRIMARY KEY创建字段，则该字段的工作方式与AUTOINCREMENT相同。你不需要为新记录输入任何值。对于SQLite，INTEGER PRIMARY KEY是ROWID的别名，ROWID使用更快的算法来分配唯一的ID。

使用索引效率更高

索引？　效率更高？　太棒了！

你拥有的数据越多，快速访问就越重要。对于小表，你不会察觉到什么，因为大多数SQL命令都是在毫秒级的时间内处理的。然而，对于具有数千（数百）条记录和大量需要同时访问的表，时间（毫秒）也就很长了。因此，SQL数据库提供了创建索引的可能性。为此，在数据库内部创建一个附加的数据结构，确保通过该字段进行检索（以及排序过程）的速度能够快得多。

索引以SQL命令的形式创建，如下所示：

```
CREATE INDEX idx_firma_ort*1
ON firma*2(firmensitz*3);
```

*1 索引的名称是任意的。

*2 这里指定了表……

*3 ……这里是用逗号分隔的一个或多个受影响的列。

使用表名和目的或仅使用表名创建索引名称是有意义的，以便在很长一段时间后也能快速查看索引是为了什么而创建的。

使用关键字UNIQUE，可以指定用于索引的列的值必须是唯一的。因此，你不仅可以给主键指定值，还可以给任意索引指定值，值不能重复出现！

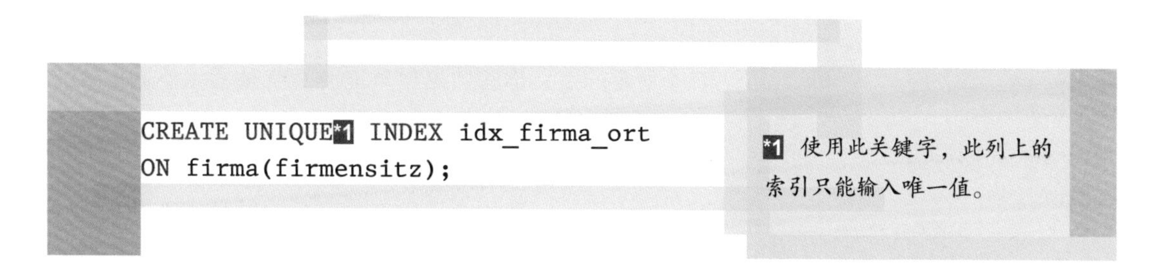

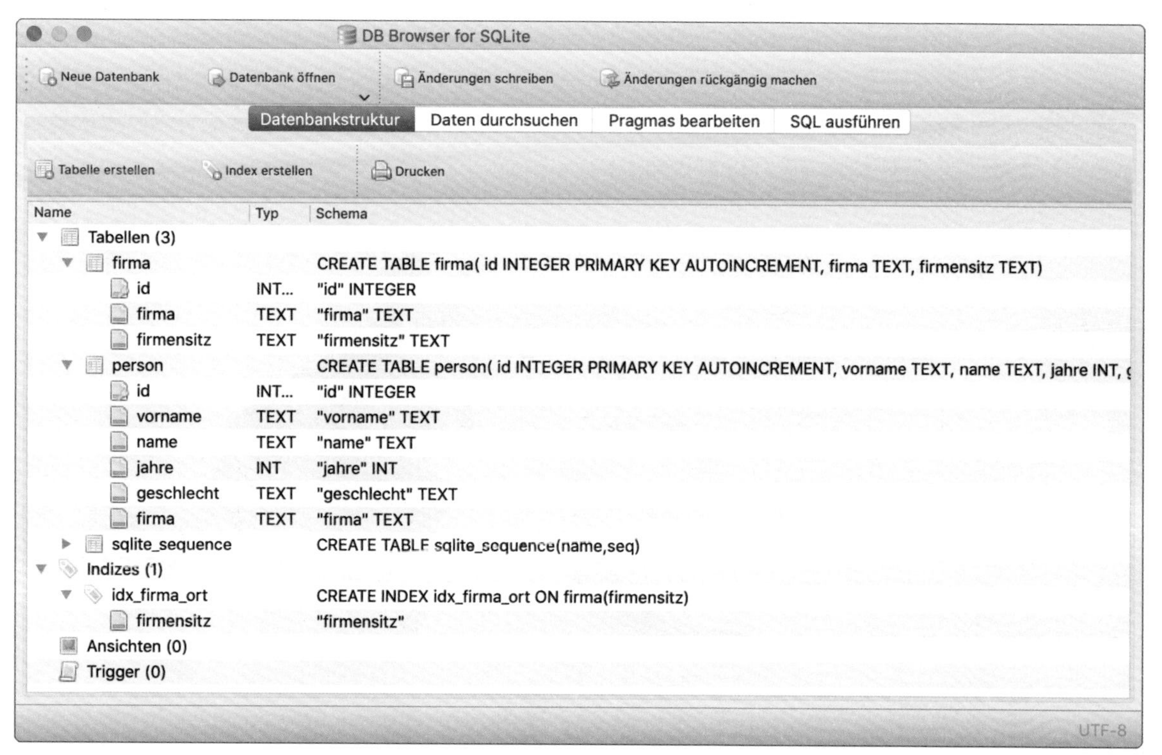

所有表和创建的索引都在数据库结构中清晰可见。

最后，借助“PRAGMA index_list(firma) ;”可以查看为表设置了哪些索引。

你学到了什么？我们做了些什么？

数据库是一个广泛的领域。你已经了解了SQL语言，你可以使用它创建表、编写数据，当然还可以进行各种查询。

重要的是，你将数据尽可能有意义地写入不同的表，并尽可能整洁地建立这些表。所谓的范式会帮助你做到这一点。

对于数据库来说，使用合适的查询重新合并分布在不同表上的数据很容易。借助JOIN可以将表指定的属性进行连接。实际上，JOIN很复杂——但就目前而言，你还是处于有利地位。

每个好的表都应该拥有一个表示唯一特性的主键。使用索引可以更快地对大型表进行检索和排序！

—第二章—

数字和数据比比皆是

你能为我制作图表吗

数字和数据比比皆是——但是，如果由于茂密的树木而无法看到森林，再好的数据和数字又有什么用呢？因此，能够自如地使用Python挖掘数据是很好的。分析数据？也许可以用一个合适的图表？

你需要对商业数据进行分析？
并以图表形式呈现？

使用Python和合适的库就不成问题！

我应该使用哪一个呢？
我是说，用哪一个库呢？

我们用Matplotlib进行操作。它是面向这类任务最成熟的库之一。许多用于数据分析和呈现的专业程序库，都是基于Matplotlib编写的（实际上是在没有“h”的情况下编写的）。

MATH PLOT LIB

必须先安装Matplotlib。最简单的方法就是借助你选择的开发环境。当然，也可以使用终端执行此操作：

```
pip install matplotlib
```

如果在Linux或Mac系统下安装时出现错误，并显示Permission denied（权限被拒绝），则应当尝试以管理员的身份进行安装。要做到这一点，需要在每一行前加sudo。也可能要将pip作为pip3调用，但在正常情况下，这不是必要的。

为了熟悉Matplotlib，先从一个简单的例子开始。在坐标系中显示以下坐标：

A(1|1); B(2|2); C(3|4); D(4|8); E(5|16); F(6|32); G(7|64); H(8|128)

这些是正常的坐标。第一个数字代表x轴上的位置（即左半轴或右半轴），相应的第二个数字代表y轴上的位置（即点的高度）。

这里，我们对字母A~H的坐标的数学描述不感兴趣。使用Matplotlib可以快速完成第一个图表程序的编写：

*1只需要matplotlib的pyplot模块，它负责二维显示。借助as给我们的程序一个更生动的名字chart……

*2也给图表一个标题。

```
import matplotlib.pyplot as chart*1
chart.title("Schrödingers Daten")*2
chart.ylabel('y-Achse')*3
chart.xlabel('x-Achse')*3
chart.plot([1,2,3,4,5,6,7,8], [1,2,4,8,16,32,64,128])*4
chart.show()*5
```

*3就像标记两个轴一样。

*4在这里，所有坐标都被传递到方法plot()中，从而输入到坐标系。

*5使用方法show()，会显示所有内容。

【便笺】
第一个列表包含所有x的值，第二个列表包含所有y的值！因此，两个列表中值的数量必须相同。

你一定已经注意到：

坐标以列表或元组的形式传递给方法plot()，并按x和y位置分开。

乍看上去两个单独的列表似乎有点奇怪，但其实很实用。通常，x轴的值是连续的，从0或1开始，一直到最大值。你不需要把它作为列表手动输入，而是可以通过range轻松地处理。因此，我们对方法plot()的调用变成：

*1用从1到9（不包括）的range替代从1到8的数字。数列越长，就越能显示出range解决问题时的优势。

```
chart.plot( list(range(1,9))*1, (1,2,4,8,16,32,64,128)*2 )
```

*2你使用的是列表（如上所示）还是元组（比如这里），都无关紧要——显示是相同的。

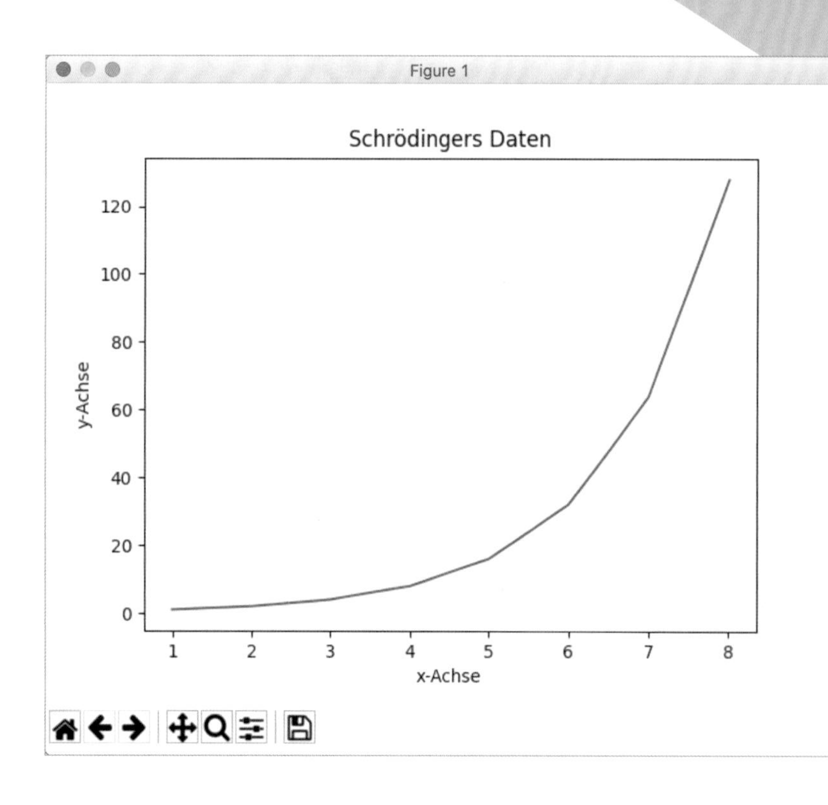

只需几行，就建立了一个坐标系——包括显示的数据点。

很容易就能看到轴的名称和图表的标题。只要没有指定其他值，轴上的数字是自动写入的，并与坐标的相应值对应。

左下角的符号可自行使用。使用右侧的软盘图标，可以将实际描述中的图表保存为图像。借助带有3个滑块的图标，可以调整图表本身的大小和间距。借助放大镜图标，可以放大任何部分。借助十字形图标，可以移动显示的曲线（或部分）。使用两个箭头和屋形图标，可以在不同的显示之间切换——也可以使用左右光标键实现。有时这些按钮会被勾选，但不要惊讶。你可以一直使用光标。

回到我们的图表。

还有很多方法可以影响带参数的曲线外观。在这两个列表后面，可以指定曲线的显示方式和颜色。右侧的表将帮助你做到这一点。

符号	曲线中的数据点
'.'	点
','	像素
'o'	圆点
'v'	下三角
'^'	上三角
'<'	左三角
'>'	右三角
'1'	下花三角标记
'2'	上花三角标记
'3'	左花三角标记
'4'	右花三角标记
's'	四边形
'p'	五边形
'*'	星形
'h'	竖六边形
'H'	横六边形
'+'	+
'x'	X
'D'	菱形
'd'	窄菱形
'|'	竖线
'_'	水平线

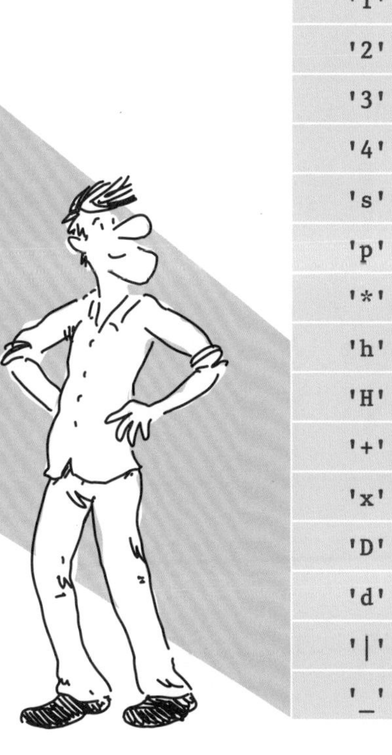

符号	曲线线型
'-'	实线
'--'	虚线
'-.'	点划线
':'	点线

符号	曲线颜色
'b'	蓝色
'g'	绿色
'r'	红色
'c'	青色
'm'	品红色
'y'	黄色
'k'	黑色
'w'	白色

相信你已经注意到了，每个符号或每个组合在所有3个表中只出现一次，因此它们都是独一无二的。使用这些符号，你可以指定数据点或这些点之间的连接形式，以及它们以何种颜色显示。你只需要在两个列表后面的字符串中写入1~3个符号，并用逗号分隔：

```
chart.plot(list(range(1,9)), (1,2,4,8,16,32,64,128), ':Db'*1)
```

*1 冒号代表点线，大写D代表菱形，小写b代表蓝色。

当然，这还不是Matplotlib提供的全部参数，还有其他参数，你可以在plot()方法中使用这些参数以不同的方式显示给定的曲线：

- linewidth或缩写lw用于指定线的宽度（或粗细），你可以将其指定为整数或浮点数。
- 使用linestyle或ls，你可以指定线的类型——使用你已经学过的相同的值。
- color是更改曲线颜色的另一种方法。在使用color时，可以通过如grey或blue这样的颜色命令进行操作，也可以通过#f0000f这样的十六进制值进行操作。

标记，即曲线上显示的（测量）点，可以用一些参数来改变：

- 借助markeredgewidth，即mew，可以指定点边缘的宽度。
- 借助markeredgecolor，即mec，可以指定点边缘的颜色。
- 借助markersize，即ms，可以指定标记内部的大小。
- 借助markerfacecolor，即mfc，可以指定标记内部的颜色。
- 还有markevery。你可以借助它指定显示哪些（计数）测量点。使用None作为值将显示每个标记，使用1作为值将显示第一个标记，使用2作为值将显示第二个标记。

更特殊的属性（如markerfacecolor）可以覆盖更普通的属性（如color）。顺序并不重要。

当然，你可以在一个图表中绘制多条曲线！

应该有3条曲线

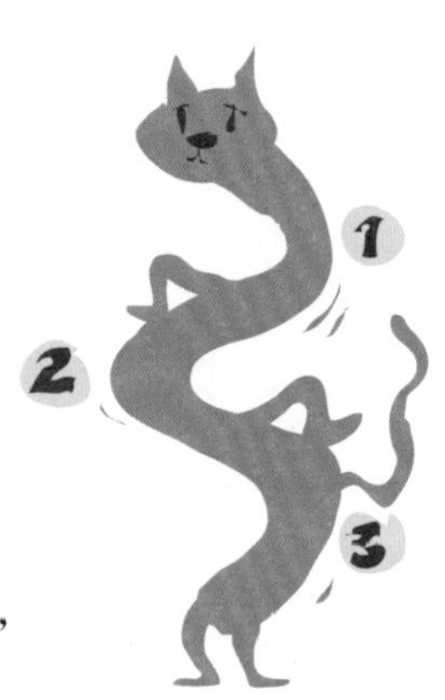

可以将每条曲线的所有数据逐一写入一个通用的plot()方法中，并用逗号分隔，或者可以编写多个plot()方法，每个方法都对应自己的数据。

3条不同的曲线如下所示：

*1这是第一个plot()方法，它同时绘制两条曲线。

```
import matplotlib.pyplot as chart
chart.title("Schrödinger seine drei Kurven")
chart.ylabel('y-Achse')
chart.xlabel('x-Achse')
chart.plot*1(list(range(1,9)), (1,2,4,8,16,32,64,128),*2
        list(range(1,9)), [100,95,90,80,60,20,0,-20], 'r--o'*3)
chart.plot*4(list(range(1,9))*5, [x**1.5 for x in range(8)]*6,
         'D:', color='grey'*7, markersize=12, mfc="white"*8,
         markeredgecolor = "#990000", markeredgewidth = 3*9)
chart.show()
```

*2第一条曲线不变。

*3第二条曲线由一个用于x值的元组和一个用于y值的列表组成，这没问题！此外，指定曲线是红色的，即r，有一条虚线“--”，并且数据点显示为圆点，即o。

*4这是第二个plot()方法！

*5x值与其他曲线上的相同，但在我们的例子中是随机的。

*6这里将值作为公式输入列表Comprehension。

*7第三条曲线是点线，即“:”，点是菱形的，颜色都为灰色。

*8使其变大：借助markersize=12使数据点显示得更大，借助markerfacecolor，即mfc，将数据点的表面（或内部）设置为白色。

*9数据点的边缘应为深红色，这里指定的是十六进制颜色。红色边缘也应该稍微加宽一些。

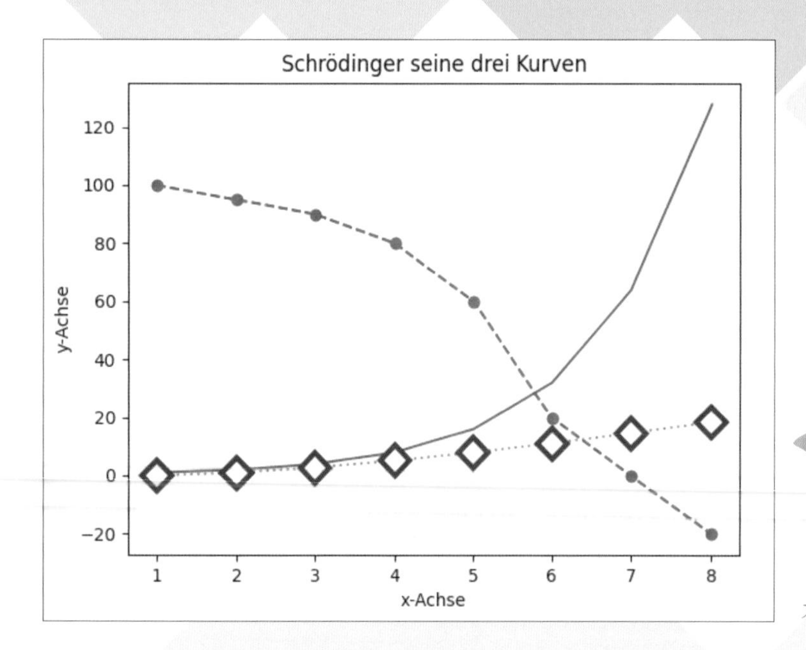

当然，不要忘记chart.show()。它可以将所有内容显示出来。

不同形式的3条曲线

进行第一次分析

对你女朋友店铺的日常销售情况进行展示。这样做的目的是，更清楚地了解在哪些天店铺的生意还不错。这有助于后期更有针对性地进行促销。

这些值是预设好的。

这是程序的开始：

*1它不一定总是图表。plt是导入matplotlib.pyplot时一个常用的名称，你可以在网上的许多例子中看到它。

```
import matplotlib.pyplot as plt*1
plt.title("Verkauf Zeitungen, Kuchen, Dinkelbrote")
plt.ylabel('Menge')
plt.xlabel('Tag')*2
zeitungen = (52,24,20,13,2)
kuchen = (4,15,33,35,37)
brote = (50,44,35,40,49)*3
```

*2这里是调用和标签。

*3这里是不同销售商品的价值。

【简单的任务】

以zeitungen（报纸）—蓝色、kuchen（蛋糕 ）—红色、brote（面包）—黑色这样的形式，显示周一至周五的数据。曲线用线和点表示。

*1 周一至周五的五天用range表示。

*2 这里列表作为变量传递给plot()方法。

```
plt.plot(list(range(1,6)*1), zeitungen*2, 'b.-',
         list(range(1,6)), kuchen*2, 'r.-',
         list(range(1,6)), brote*2, 'k.-'*3)
plt.show()
```

*3 每条曲线都有相应的颜色，并且通过线和点进行表示。

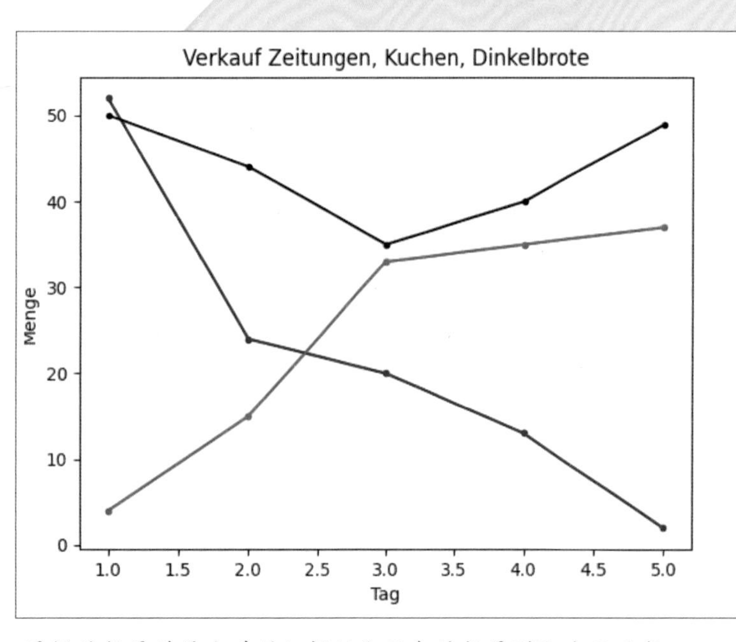

蛋糕的数量总是上升的！报纸和面包的数量则取决于天数。

请告诉我：

这个奇怪的Comprehension列表是什么意思？

不仅是图表：带有Comprehension列表的智能列表

列表非常实用。可以利用它对各种数据进行收集和处理。尤其对于图表来说，列表特别好用。

在使用计算机时，最美好的事情之一就是把工作尽可能多地交给它处理。如果你有连续的值，那么可以使用range很好地进行处理。通过这种方式，需要费力手动键入的列表（如[2,4,6,8,10,12,14,16,18,20]）很快就变成了一个简单的计算机任务：list(range(2,11,2))。

尽管这很方便，但你只能设置一个开始、一个结束和一个间隔，而没有办法把更复杂的计算直接写成列表。

以一个公式为例，计算2的*x*次方，即2**x，用Python编写。这个公式循环10次。因此，*x*必须取0~9的值。

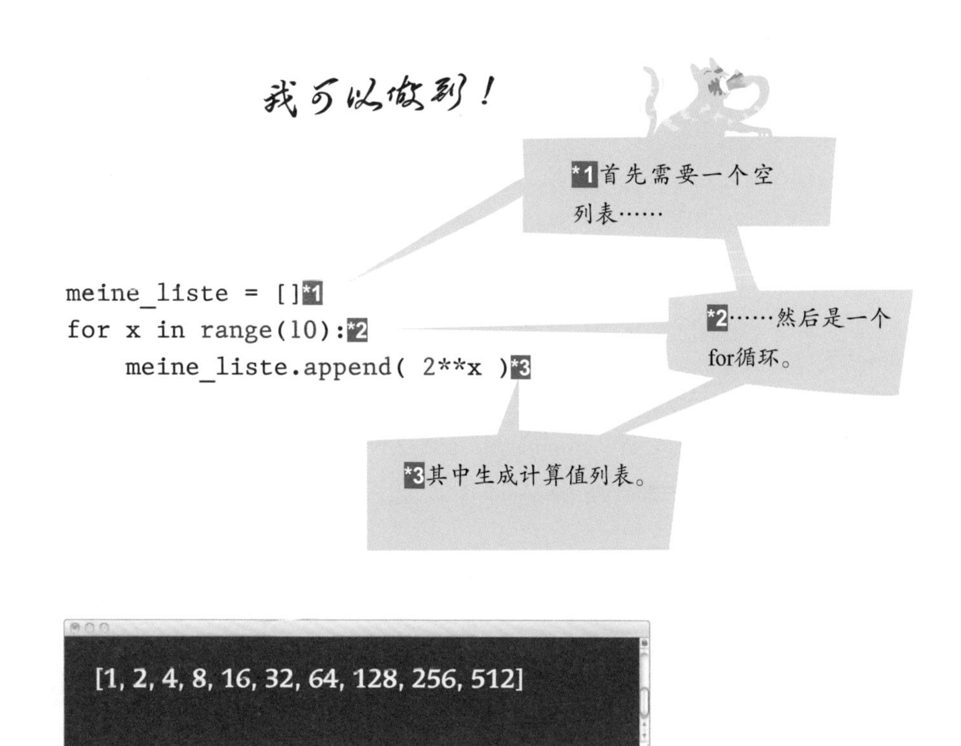


```
meine_liste = []*1
for x in range(10):*2
    meine_liste.append( 2**x )*3
```

```
[1, 2, 4, 8, 16, 32, 64, 128, 256, 512]
```

现在让我们来看，如何通过列表Comprehension解决这个问题：

```
[ 2**x for x in range(10) ]
```

```
[1, 2, 4, 8, 16, 32, 64, 128, 256, 512]
```

Comprehension列表是如何构建的？

*1作为一个众所周知的列表，你将所有内容都写入方括号——和普通的列表一样。

*2这里有一个操作，可以帮助计算列表元素（即列表Comprehension的结果）。

```
[*1 2**x*2 for*3 x in range(10)]*1
```

*3该操作后是一个循环，这个循环指定将哪些值依次写入我们在操作中使用的变量。

这样，一个列表就逐步建立起来，并且可以直接使用——和一个手动编写的列表一样！当然，这样一个Comprehension列表不仅限于图表，对于所有类型的应用程序来说，它都非常实用。当然，你可以随时将生成的列表赋给变量，然后进行处理：

```
meine_liste = [2**x for x in range(10)]
```

除了这些基本的公式之外，列表Comprehension还提供了更多可能：你不仅可以借此替换各种循环，而且几乎不需要依赖复杂的Lambda()函数。

你可以在循环时使用if进行处理，并对数字产生效果：

*1这里通常会进行计算。在我们简单的例子中，实际上只需要将当前值写入列表。这没问题！

*2这是循环。总计循环10次，产生从0到9的值，这些值通常被传递给spam。到目前为止，一切都和往常一样。

```
[spam*1 for spam in range(10)*2 if spam > eggs*3]
```

*3但是，现在有一个影响结果集的if：if作用于循环的每个值！只有当条件为真时，才在计算中使用该值（即步骤*1）。

因此，这里只使用大于变量eggs的循环值。如果eggs的值为7，则仅使用循环中的值8和9。生成的列表暂时只有2个值，而不是10个值，如下所示：

```
[8, 9]
```

自制小而精致的列表

还有两个任务，以图表进行展示：

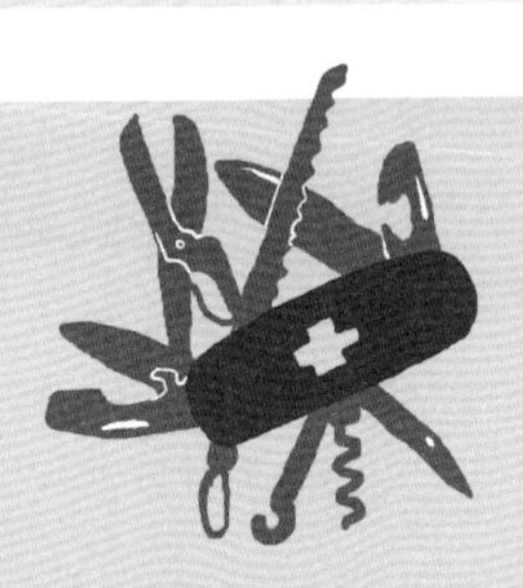

【艰巨的任务】
你有一个预设的列表，带有从0到99的数字。在这个列表中，数字将从1到9中生成，确切地说，应当为颠倒的顺序，即从9到1降序。

以下是默认列表：

```
vorgegeben = list(range(100))
```

*1在循环中，循环的是默认的列表。

```
[100 - spam*3 for spam in vorgegeben*1 if spam > 90*2]
```

*3通过计算：100减去我们所选择的值，得到从1到9的数字，反之亦然！

*2在所有数字中，根据条件，只取大于90的数字。

【笔记】
这里你也能看到：在一个列表Comprehension循环中，使用现成的列表替代range完全没问题！

```
[9, 8, 7, 6, 5, 4, 3, 2, 1]
```

此外，条条大路通罗马，这里可以获得相同结果的方法不止这一种：

```
[9 - spam for spam in vorgegeben if spam < 9]
```

另一项任务：

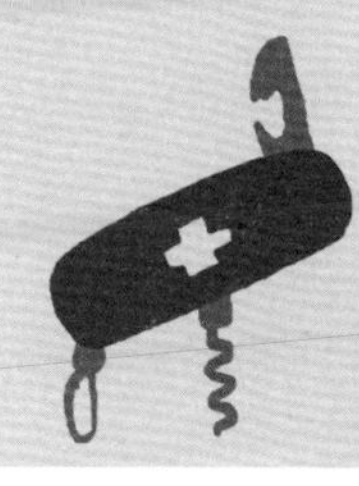

【简单的任务】
在从1到200的所有数字中，找出可以被42整除的数字。

哈哈，使用列表Comprehension小菜一碟！

*1 s代表Schrödinger（薛定谔）或任意一个变量！

```
[s*1 for s in range(1,201)*2 if s%42==0*3]
```

*2 这是从1到200的循环。

*3 如果一个数字可以被42整除，则余数为0。可以通过模运算符“%”设置。

我们的列表已经完成了：

```
[42, 84, 126, 168]
```

继续下一个任务：

【简单的任务】
在一个图表中同时显示两个Comprehension列表！Comprehension列表应显示在y轴上。x的取值范围为1~n。

对了，为了更好地区分这两条曲线，
请添加一个图例。

一个图例？听起来不错，我该怎么做呢？

你可以给每条曲线指定一个名为label的属性和一个字符串形式的值。当然，文本应当简单明了。

你只需要通过方法legend()指定图例在图表中的位置。你可以指定所有角作为参数：左上角为“upper left”，右上角为“upper right”，左下角为“lower left”，右下角为“lower right”。借助“best”将自动找到最佳空缺位置。

使用这些参数，可以使图例在一个方向上居中：“center left”（左中）、“center right”（右中）、“lower center”（下中）、“upper center”（上中）。使用“center”，图例将被放置在图表的中间。

此外，还有许多其他（可选的）参数，你可以借助这些参数改变图例的外观。下面是一个很有趣的例子。

*1这里可以让Python为图例寻找最佳位置。

*2图例也可以有自己的标题。借助title_fontsize可以设置字体大小。

```
chart.legend(loc='best'*1,
             title='Schrödingers Legende', title_fontsize=16,*2
             borderpad=2, labelspacing=1.2,*3
             fontsize=12,*4
             shadow=True, facecolor="grey", edgecolor="red"*5)
```

*4这里是label（标签）的字体大小。

*3这里可以设置箱形内部的间距，借助labelspacing可以设置每个标签的行距。

*5在这里给箱形设置浅色的阴影、背景颜色和边框颜色。

太厉害了！

这还不是所有的参数——但肯定比你通常情况下需要的多。对于特殊情况，请查看www.matplotlib.org上的matplotlib文件（可惜只有英文）。

对于这个任务，使用loc='best'进行定位就足够了。

*1 这是默认列表，可以直接写入列表Comprehension。这样它更加易读。

*2 这里是第一个带有指定x值的曲线。

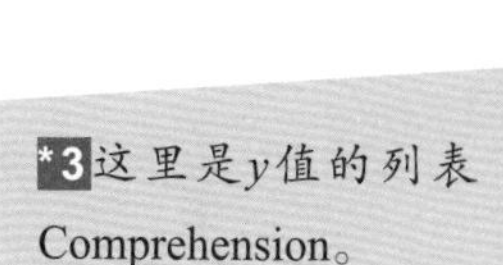

*3 这里是y值的列表Comprehension。

```
import matplotlib.pyplot as chart
chart.title("Schrödinger seine zwei Kurven")
vorgegeben = list(range(100))*1
chart.plot*2(list(range(1,10)),
        [9 - spam for spam in vorgegeben if spam < 9]*3,
        'D:', label = 'Von 9 bis 1'*4)
chart.plot(list(range(1,5)), [s for s in range(1,200) if s%42==0],
        'r--o', label = 'Schrödingers 42er')*5
chart.legend(loc='best', shadow=True,
         title='Die Legende von Schrödinger')*6
chart.show()
```

*4 接下来是一些修饰和图例的文本。

*5 这里是第二条曲线，它的构造非常相似。当然，它有不同的内容和不同的Comprehension列表。

*6 图例。我们有时会设置一个阴影和一个醒目的标题。

完成！ 现在只需要对程序进行保存和启动。

但是这不应该叫薛定谔图例吗？

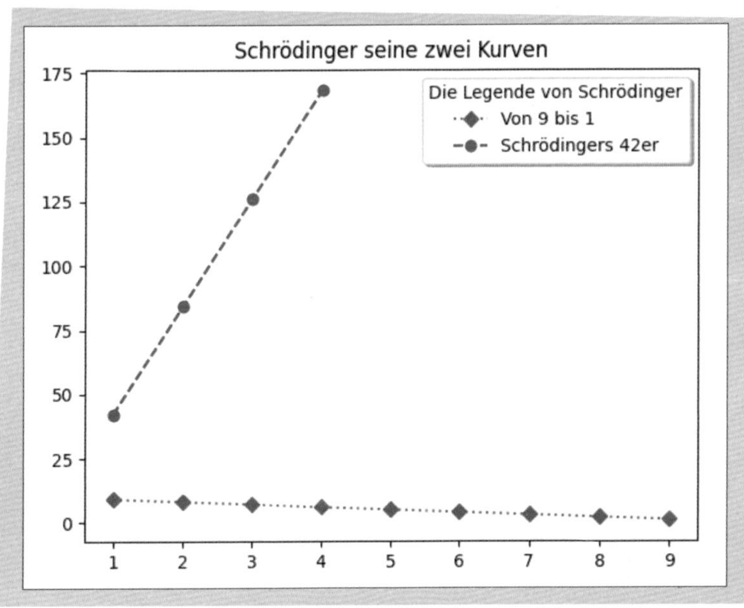

很棒，只需几行代码就能做到。

可以清楚地看到，可以将不同的曲线同时显示。然而，当各条曲线的值相距很远时，总会出现一些问题：曲线上从9到1的值，在*y*轴上很难正确地读出。可以借助方法xlim()和ylim()将曲线显示在特定区域，这或许会有帮助：

```
chart.xlim( 0,5*2 )*1
chart.ylim( [0,45]*2 )
```

*1借助xlim()可以指定*x*轴上显示的区域（从……到）——不考虑所显示的曲线。

*2其实，可以以任何形式的列表传递值。在使用方法xlim()和ylim()时，可以省略列表的括号。

这两种方法都是可选的，你也可以只指定一个轴的范围。

可以借助left=0或right=5替代xlim来指定边框。ylim对应bottom=0或top=45。

也可以一次完成所有数据（两个轴）。这样就必须将值以列表或元组形式呈现在括号中：

```
chart.axis((0, 5, 0, 45))
```

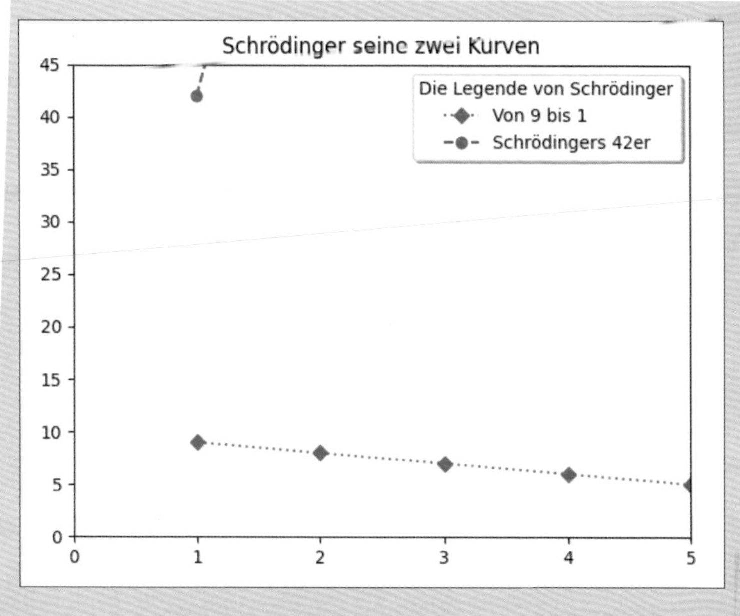

借助这样的剪切，图表看起来就完全不同了。

此外，也可以动态生成*x*轴的值。如果还不知道Comprehension列表提供了多少元素（或者你不想自己计算），那么这会很有帮助：

```
y = [s for s in range(1,200) if s%42==0]*1
wieviele = len(y)*2
x = list( range( 1,wieviele+1 )*3 )
chart.plot(x, y, 'r--o', label = 'Schrödingers 42er')
```

*1 这里将列表Comprehension（或结果）赋给变量y。

*2 这里可以设置列表y中元素的长度或数量……

*3 ……这里使用它来填充range！

当然，可以省略变量wieviele，并在range内直接使用表达式len(y)，但这一操作是否能带来改善还有待观察。主要因为使用这样的变量没什么损失……

还有其他内容——if和else

Comprehension列表非常出色。但是，你不局限于只使用一个if！相反，你可以连续写入几乎任意数量的if。它们逐一影响结果，并对结果进一步细化。

举个例子：你想要获取指定列表中所有可以被42整除的数字，但是为了其他的运算，你只需要那些大于50、小于150的数字？使用两个if就不成问题：

```
vorgegeben = range(1,200)
print(
  [s for s in vorgegeben if s%42==0 if s>50 if s<150]
)
```

*1这里是第一个if。只有当数字可以被42整除时，它才会进入结果集。

*2这是第二个if。只有当数字也大于50时，它才会保留在结果集中。

*3还有另一个条件。只有当数字也小于150时，它才会保留在结果集中。

*4因为这里没有进一步的计算，所以在我们的例子中，得到的数字不变。

但是我不能只对range(1,200)进行调整吗？

在我们简单的例子中——当然可以！但你经常会有无法直接控制的数据。这时，这样一个带有多个if的列表Comprehension就很有用了。

一条建议：在这样一个简单的例子中，也可以在if语句内部使用and来连接条件：

```
print(
  [s for s in range(1,200) if s%42==0 and s>50 and s<150]
)
```

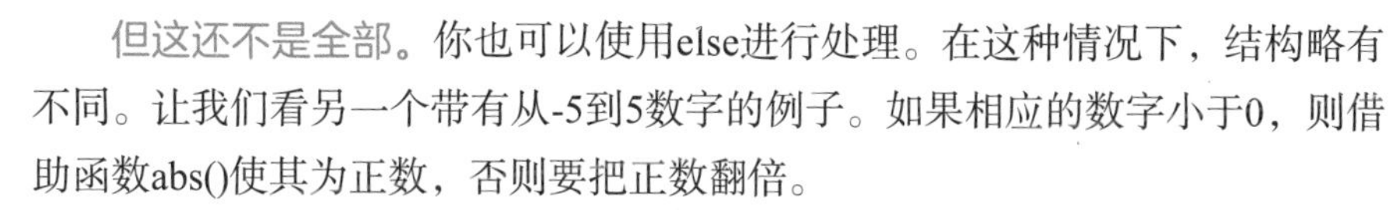

使用多个if进行的处理更加清晰。当然，你可以使用or（以及and）编写各种复杂的条件。

但这还不是全部。你也可以使用else进行处理。在这种情况下，结构略有不同。让我们看另一个带有从-5到5数字的例子。如果相应的数字小于0，则借助函数abs()使其为正数，否则要把正数翻倍。

*1首先，如果(if)小于0，则使用函数abs()使相应的值为正数。

*2否则(else)将该值翻倍。

```
egg = range(-5,5)
print(
 [abs(spam) if spam<0*1 else spam*2 for*3 spam in egg]
)
```

*3这里用for遍历range（从-5到4）。

```
[5, 4, 3, 2, 1, 0, 2, 4, 6, 8]
```

这里第二个if也行得通吗？

不，不行。但是，如果任务变得如此复杂，那么你应该冷静地分几个步骤，生成相应的列表，然后继续处理。这显然比把所有东西都放在一个冗长的命令中要清晰得多。Python之禅是怎么说的？

“简单胜于复杂。”

Sahne（奶油）、Frucht（水果）和Dinkel（斯卑尔托小麦）——什么是最受欢迎的

需要出售不同类型的蛋糕，你的任务是创建一个合适的图表。它必须识别哪些蛋糕最受欢迎。

没问题，我可以用链接实现！

给出以下值：

首先，有8种不同类型的蛋糕（torten）或点心（kuchen）。为了简单起见，它们被编号为：

```
kuchen = [1,2,3,4,5,6,7,8]
```

这是已出售（verkauf）蛋糕或点心的信息：

```
verkauf = [7,9,10,3,1,7,1,4]
```

每个蛋糕（或点心）都被赋予一个特定类型的值。1表示奶油蛋糕，2表示水果蛋糕，3表示最受欢迎的斯卑尔托小麦蛋糕：

```
art = [1,2,1,3,2,1,3,1]
```

最后，不要忽视卡路里数据。这样表示：

```
kalorien = [3900,1200,4080,400,950,4800,350,4999]
```

等一下，这是四个数字。

不能在一条曲线上描绘它们吗？

根据信息可以把卡路里列表显示在它自己的曲线中。但对于列表art，这就变得很困难。

但你并不是只能使用简单的曲线！

对于这样的情况，可以使用散点图。在散点图中，每个值被表示为具有特定大小和颜色的单独元素，如下所示：

```
spam.scatter*1(x, y,*2
          c=farben, s=groesse,*3
          cmap=chart.cm.cool*4
)
```

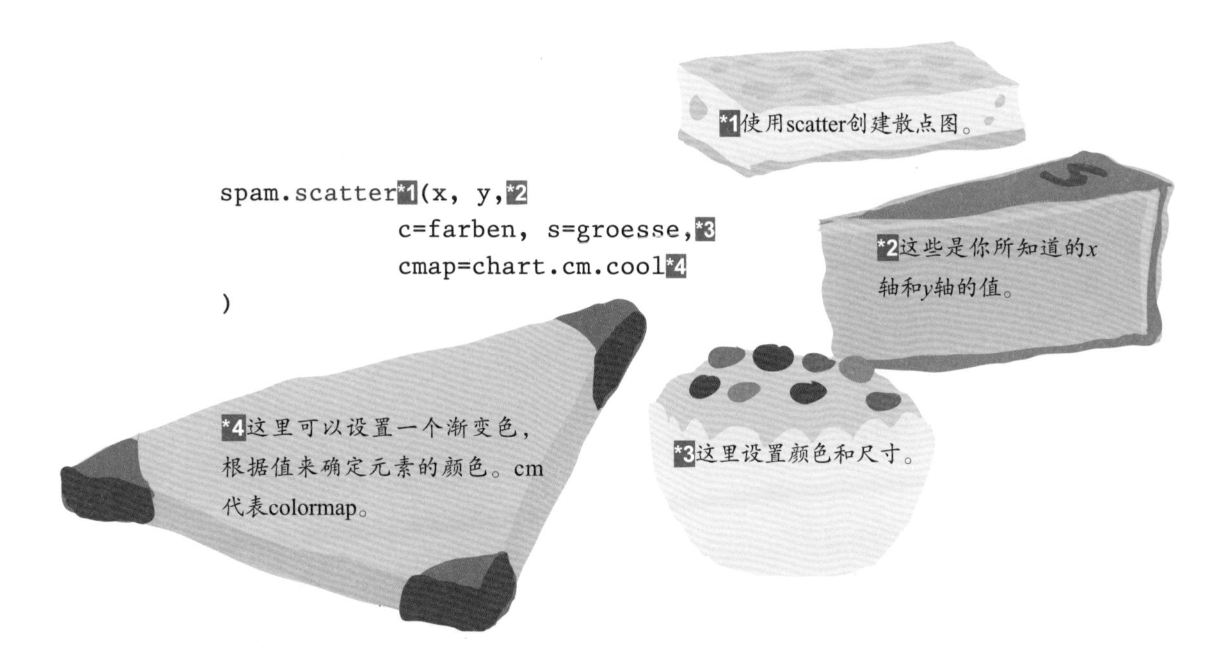

定义颜色最简单的方法是使用现成的Colormaps，它有几十种颜色。例如，还有ocean、terrain、rainbow、jet、Pastel1和Pastel2、Accent、hsv、twilight或者twilight_shifted的渐变色。可以在网页https://matplotlib.org/3.1.0/tutorials/colors/colormaps.html中查看其他可能性。

当然，相互关联的值x、y与颜色c（color）和大小s（size）的值是列表元素，它们必须具有相同数量的元素。颜色列表farben实际上不是在坐标系中显示的值，而是以坐标系中元素颜色的形式显示的值！cmap中的色标指定了如何进行着色。

*1这里是正常的调用。

*2这里所有的值都以相同大小的列表显示，就像上面列出的那样。

```
import matplotlib.pyplot as chart*1
kuchen = [1,2,3,4,5,6,7,8]
verkauf = [7,9,10,3,1,7,1,4]
art = [1,2,1,3,2,1,3,1]
kalorien = [3900,1200,4080,400,950,4800,350,4999]*2
chart.scatter(kuchen, verkauf,*3
              c=art*4,s=kalorien,*5
              cmap=chart.cm.cool*6
)
chart.show()
```

*3这里是x轴和y轴的值：x轴的值表示点心的销售数量，y轴的值表示蛋糕的销售数量。

*4颜色由点心（或蛋糕）的类型决定。

*5卡路里是相应元素的大小。

*6颜色或渐变色在这里设置。

这就是点心和蛋糕在图表中的形式：

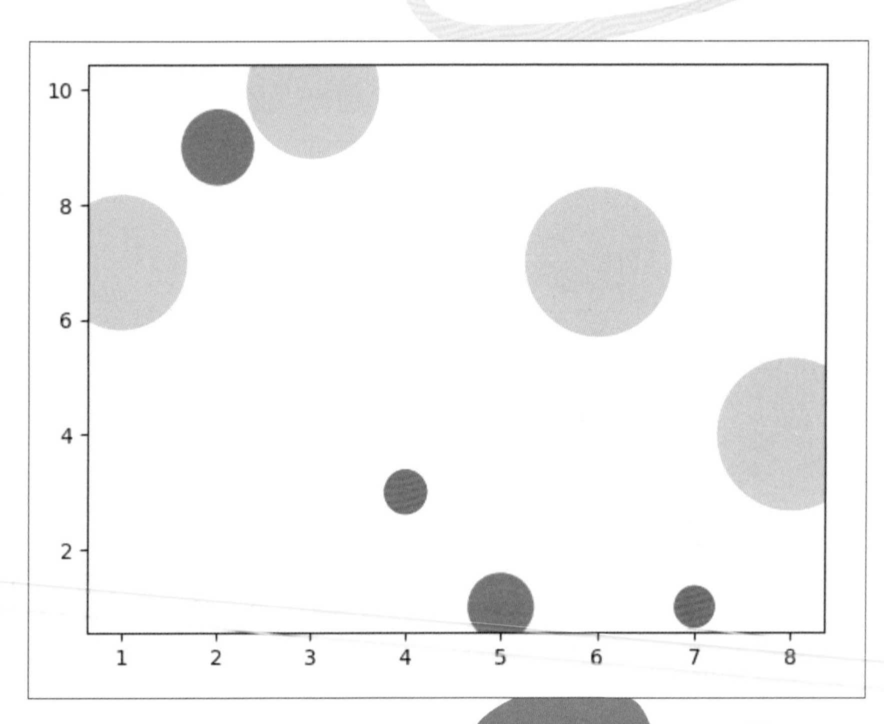

谁能想到高热量的蛋糕会如此受欢迎呢？

我

我也是！

他们是！

同样

是的！

多个窗口——有关subplots()方法

你已经在一个图表上显示了多条曲线——这没问题。但是，也可以使用另一个完整的图表来表示它——也就是第二个窗口。使用subplots()方法，可以轻易地添加一个或多个新窗口。

我们想要用这个真实的例子来试一下。使用相同的值，但使用不同的颜色表，因为在不同的窗口中完全相同的展示没有多大意义。在我们的例子中，使用不同的颜色就足够了。

```
import matplotlib.pyplot as chart
kuchen = [1,2,3,4,5,6,7,8]
verkauf = [7,9,10,3,1,7,1,4]
art = [1,2,1,3,2,1,3,1]
kalorien = [3900,1200,4080,400,950,4800,350,4999]*1
skala*3, (chart_a, chart_b) = chart.subplots(1,2)*2
chart_a.set_xlabel('Kuchen/ Torte cool')
chart_b.set_xlabel('Kuchen/ Torte jet')
chart_a.set_ylabel('Verkaufte Kuchen und Torten')*4
chart_a.scatter(kuchen, verkauf, c=art, s=kalorien
              ,cmap=chart.cm.cool)*5
chart_b.scatter(kuchen, verkauf, c=art, s=kalorien
              ,cmap=chart.cm.jet)*6
chart.show()
```

*1 到这儿为止，一切保持不变。

*2借助subplots()方法拆分显示。借助第二个参数“2”创建两个窗口，我们将这两个窗口分配给一个包含两个相应元素的元组。这些元素是可以进行处理的新窗口。

*3可以将第一个参数用于所谓的色标，即Colorbar，色标显示所有可能的颜色并将其分配给相应的数值。

*4我们给新窗口相应的轴标签。这时，需要使用方法set_xlabel()或set_ylabel()。y轴可以共用一个标签，x轴的每个窗口都要有自己的文本。

*5借助元组中的变量chart_a可以创建第一个图表——作为一个散点图，它包含了所有值和颜色表cool。

*6除了颜色表jet之外，第二个图表是相同的，但你可以选择不同的值或不同的呈现形式。

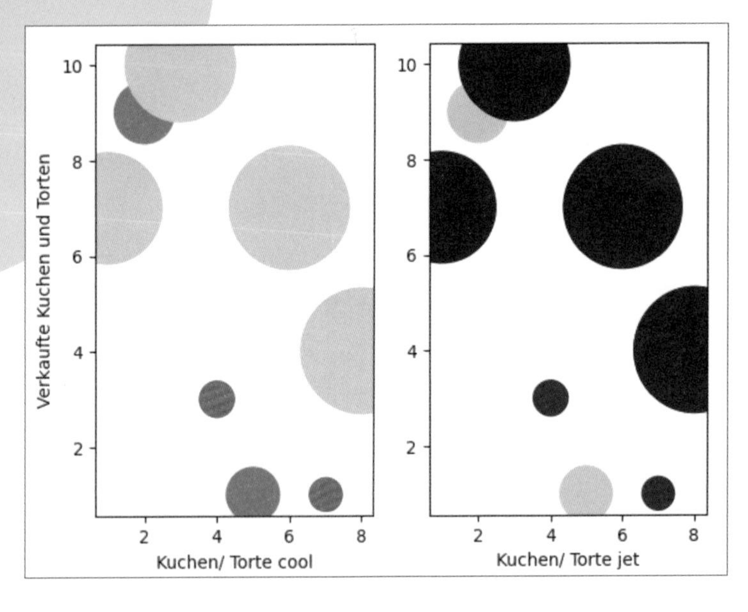

这里出色的不仅是颜色表！

如果想把不同的描绘（或数据）放在一起，从而更好地对比差异，那么一些微不足道的工具可能会非常有用。

使用colorbar怎样呢？

你可以借此使用颜色及其所属值进行描绘。
和图例类似，但元素是独立的。我们对一个窗口进行操作。
描绘的数据应保持不变：

*1 因为我们只想展示一个窗口，所以这里的第二个参数是1。因此，不需要元组，只需要一个值，这里是chart_a。

```
skala, chart_a = chart.subplots(1,1)*1
fenster*3 = chart_a.scatter(kuchen, verkauf, c=art, s=kalorien
            ,cmap=chart.cm.jet)*2
skala.colorbar(fenster, ax=chart_a)*4
chart.show()
```

*4 这里的操作是：将我们的图表对象fenster和chart_a一起赋给方法colorbar()。

*2 实际上，制作散点图的命令是不变的。由于散点图仍然是colorbar本身所需要的……

*3 ……所以我们将图表赋给变量fenster，从而继续使用。

colorbar()方法将用这些传递的元素“制作”一切！

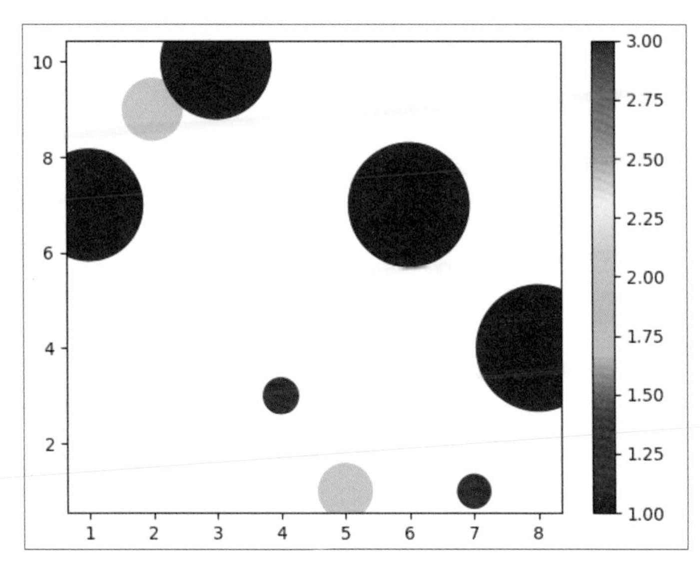

这样就有了一个漂亮的colorbar。

如果我可以指定，
它们各自是哪些点心或蛋糕，
那不是更棒吗？

没错，1~9的数字相当实用。当然，也可以更改标签。我们对*x*轴进行操作。

首先，需要一个带有以下名称的列表或元组：

```
label = ('Sahne', 'Apfel', 'Kirsche', 'Hafer',
        'Hirse', 'Nuss', 'Dinkel', 'Schmand-\n*1Sahne')
```

*1借助换行符，即“\n”，可以轻松地对长的名称进行换行。

然后，调用方法xticks()对*x*轴进行操作，并把包含替换值的列表作为第一个参数传递。这些是*x*轴上的值，即列表kuchen的数字信息。第二个参数按指定顺序获取替换原始值。也可以选择使用horizontal或vertical命令来旋转字体，或者使用带有百分比的命令，如45或'45'（两个都表示45°）：

```
chart.xticks(kuchen, label, rotation='45')
chart.tight_layout()*1
```

*1使用tight_layout()方法缩放图表和文本，从而使所有内容清晰可见。否则，太长的名称无法完整显示。

也可以使用yticks()方法对*y*轴进行相同的操作。

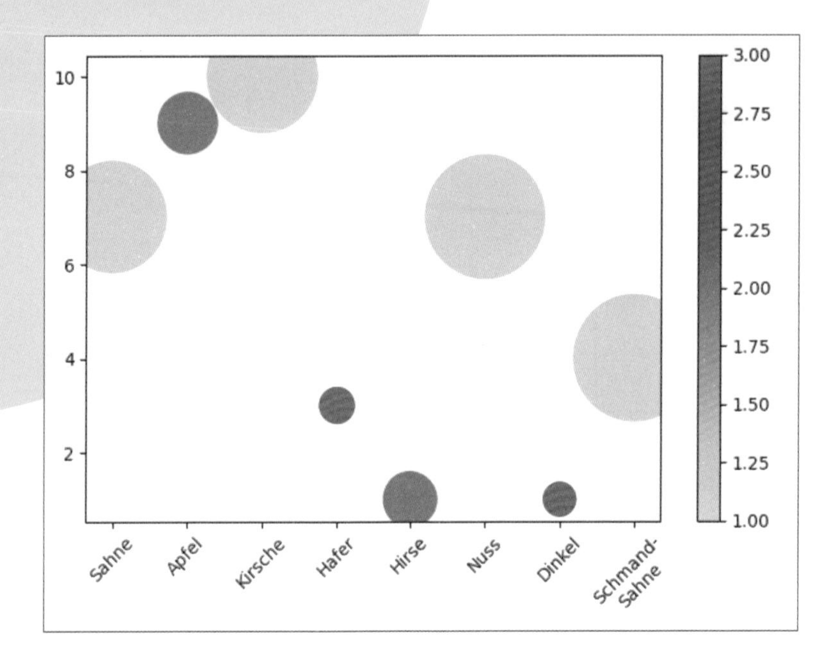

这样一来，数字就变成了美味的点心和蛋糕。

更多的蛋糕——饼状图

很容易就可以计算出各种类型的蛋糕或点心的销售情况——多亏了Matplotlib，只需短短几行代码就能做出相应的呈现。还有什么比饼状图更合适的呢？

```
import matplotlib.pyplot as plt*1
plt.title("Verkäufe nach Kuchentyp")*2
kuchen = (28, 10, 4)*3
farben = ('#ffc0cb', '#2b8c68', '#b27d47')*4
plt.pie*5(kuchen, colors=farben,
        explode=(0.1, 0.1, 0.2), shadow=True,
        labels=['Sahnetorten', 'Frucht', 'Dinkel'])
plt.show()
```

*1 这里使用名称plt进行调用。当然，你完全可以自行命名。

*2 接下来是一个好的标题……

*3 ……以及包含各种蛋糕销售情况的元组。

*4 为了区分饼状图中的每一块区域，需要用颜色区分——这里每种类型或者说每一块区域都被写成十六进制的值。

*5 借助方法pie()创建饼状图。

再看看传递的参数：

*1 这实际上是x轴或者说是数量。通过它的值可以知道饼块的大小。

*2 这里必须为每个饼块指定各自的颜色。

*4 还缺一个浅色的阴影……

```
(kuchen*1, colors=farben*2,
        explode=(0.1, 0.1, 0.2)*3, shadow=True*4,
        labels=['Sahnetorten', 'Frucht', 'Dinkel']*5)
```

*5 ……以及一个解释性的名称。

*3 借助explode，每个饼块都可以从中心“分离”出一点。

完成！

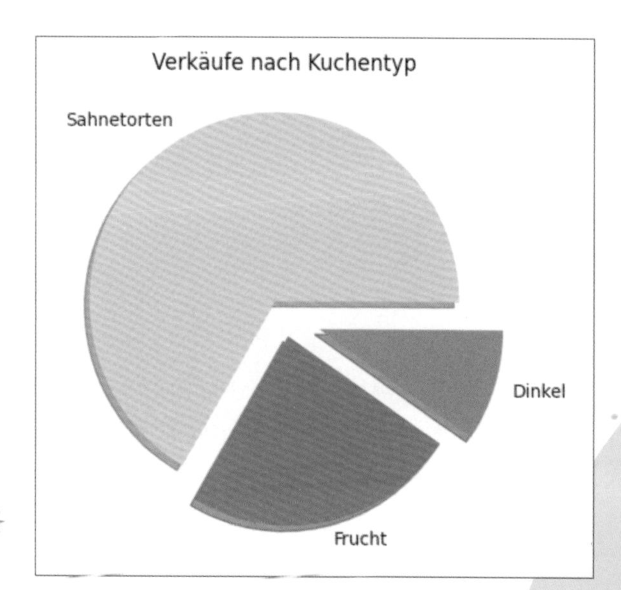

不仅适用于蛋糕——饼状图。

现在你已经了解了Matlibplot最重要的元素，并且能够在图表中使用不同的曲线显示数据。为了使数据具有可读性和可理解性，重要的是选择适合数据的显示方式。

通常，数据可以多次出现。因此，重要的不是坐标系的位置，而是点出现的频率或最高频次。

那是怎样的数据呢？

在现实中也是这样？

举个这类数据的具体例子？飞镖板上的精确命中数或城市地图上的交通事故数。

或者所有降落在世界上的UFO？

由于输入长的数列并不是一件令人兴奋的事情，所以以一个随机生成的正态分布为例，使用不同的呈现形式——从一维到三维，你可以向各个方向旋转。

正态分布？

这又是……？

这很简单。如果你有简单的随机数（例如用骰子掷100次），那么这些数字从1到6的分布是一样的。掷到数字1的次数与任何其他数字一样。当同时掷多个骰子时，情况就有所不同。这里，结果分布不同——较小的值和较大的值出现的频率较低，结果集中在中间范围：这就是古老的高斯正态分布——在统计学和数学领域众所周知，并深受喜爱！

正态分布——从普通的一维到时髦的三维

高斯正态分布非常出色——如果你能用Matplotlib在不同的图表中呈现正态分布，甚至是它的三维（3D）效果，那就更棒了。简单的数字变得更清晰、更有意义。先看一维：我们有随机值，它们都在一个轴上，并且按区域划分。

```
import matplotlib.pyplot as plt
from random import gauss*1
mu = 0*2
sigma = 15*3
werte = [gauss(mu, sigma) for x in range(999)]*4
wertebereiche = 25*5
plt.hist(werte, bins = wertebereiche, facecolor='lavender',
        edgecolor='black', linewidth=1.3)*6
plt.show()
```

*1 Python不仅提供了简单的、均匀分布的随机数，借助gauss还可以提供正态分布的随机数。

*2借助mu指定一个（平均）值，数字围绕值分布。当然名字是任意的。

*3值sigma（这里听上去正式的名称也是任意的）表示标准差，该标准差决定了与平均值的偏差。

*4这里可以计算出999个正态分布的随机数，并将它们存储在一个列表中。

*5计算出的（随机）值将自动在相同大小的区域中呈现。区域的数量可以自由选择，当然不需要和值的数量相同，而是少得多。

*6我们把所有这些，包括颜色和狭窄的黑色边框都传递给函数hist()。

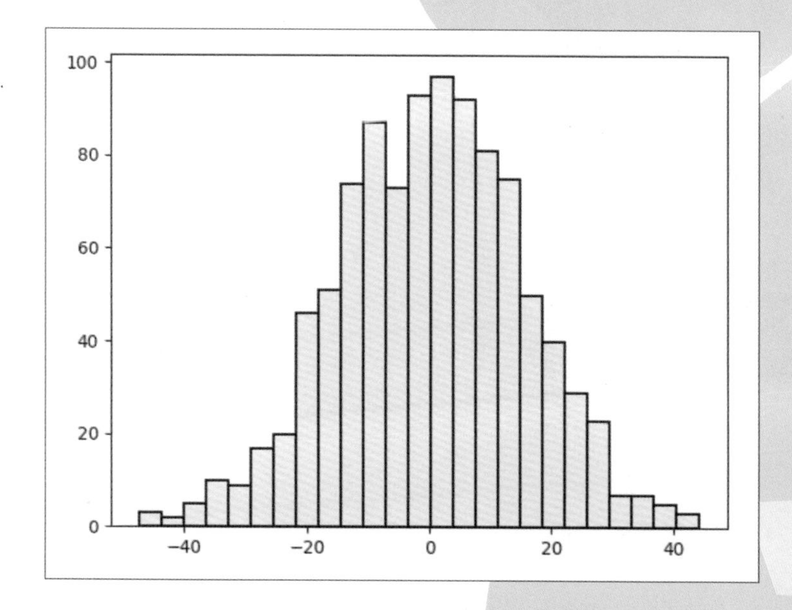

这就是正态分布的随机数。

好吧，还有一个维度！

我们想增加第二个数字序列。当然不能用简单的直方图来表示——它必须是二维的。

*1这里有x轴和y轴的两个数字序列，它们是正态分布的随机数。

```
import matplotlib.pyplot as plt
from random import gauss
mu = 0
sigma = 15
x = [gauss(mu, sigma) for x in range(999)]
y = [gauss(mu, sigma) for x in range(999)]*1
fig, ax = plt.subplots()*2
im = ax.hexbin(x, y, gridsize=12, cmap= plt.cm.jet)*3
fig.colorbar(im, ax=ax)
plt.show()
```

*2色标对于有意义的显示来说是必要的，因此使用subplots()方法。我们经常使用色标和图表的缩写，也就是在文件中使用的名称（但并不强制）。

*3借助函数hexbin()可以在六边形中显示x和y值。网格的大小和色标设置为参数。

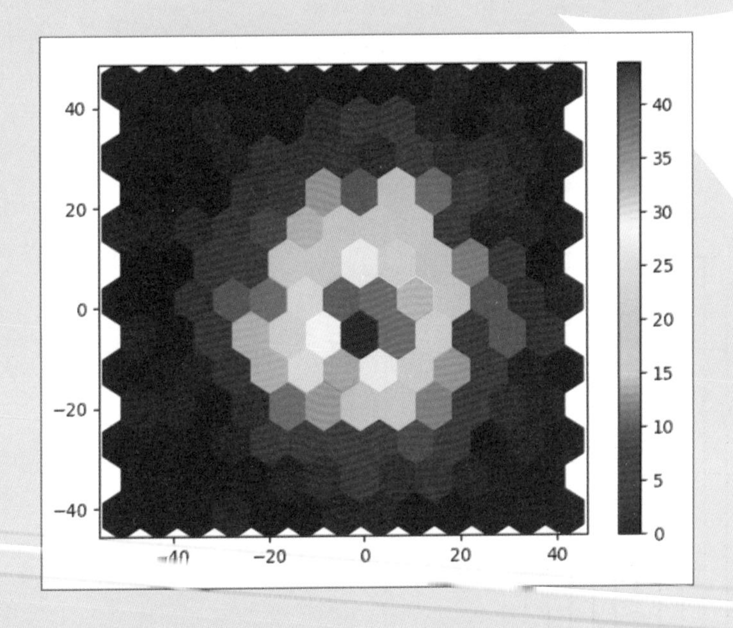

大多数值可以在中间红色区域找到。

现在是最高定律——3D！

这比你想象的容易：

```
import matplotlib.pyplot as plt
from random import gauss
mu = 0
sigma = 15
x =  [gauss(mu, sigma) for x in range(999)]
y =  [gauss(mu, sigma) for x in range(999)]
z =  [gauss(mu, sigma) for x in range(999)]*1
ax = plt.axes(projection="3d")*2
ax.scatter3D*3(x, y, z, c=z, cmap=plt.cm.inferno)*4
plt.show()
```

*1 除了x和y之外，还需要一个z来表示第三维度。

*2 在这里，可以指定它是一个三维表示——投影。

*3 可以使用函数scatter3D()指定显示的方式。

*4 传递三个维度的数据作为参数，指定要用于颜色的值，并指定一个渐变色。

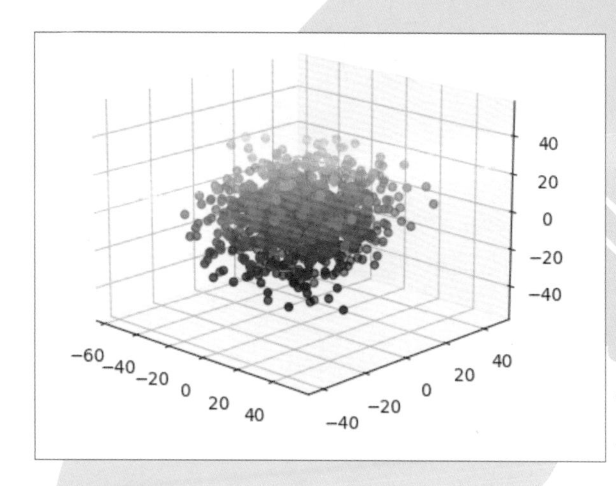

使用鼠标可以旋转所有轴——真正的3D！

你学到了什么？我们做了些什么？

让我们做个简短的总结：

在Matplotlib的帮助下，数字序列、列表和大数据可以以图表的形式精彩地呈现。

在最简单的形式中，可以使用方法plot()将数据作为列表或元组显示在二维网络中。轴的标签和标题很快就能设置完成。通过参数可以指定曲线或点的外观，甚至还可以加入图例。

如果需要进一步处理数据，则可以使用Comprehension列表。Comprehension列表是一种简单、易读的方法，它可以将代码简化为一行。它可以用于简单的运算，或者使用if对结果产生影响。

以这种方式获得的数据可以直接用在图表中。而且，由于Matplotlib可以使用许多不同类型的图表，所以可以轻松呈现——无论用饼图、直方图，还是二维或三维形式。

—第三章—

数据、统计、数据科学和人工智能

人工智能是一个非常热门的话题。计算机可以做出决定，虽然它无法真正预测结果，但它具有令人难以置信的可靠性。在不同的领域都能看到它的身影……

人工智能领域的方法目前主要有机器学习、深度学习、神经网络、遗传算法、图像识别或语言理解。 它们的核心都是对复杂数据进行分析和解释，以及对认知能力的模拟（或复制），这些对人类来说与生俱来，但对计算机而言是前所未有的。

这些本质上是数学或统计的模型和方法，在大多数情况下可应用于某个领域，或处理一项特定的任务。因此，并不存在适用于所有场合的人工智能。对于人工智能的每一个子领域，都有不同的数学方法。

例如，线性回归作为回归分析的特例，是机器学习最受欢迎的方法。

如果没有这些专业术语和数学知识行得通吗？

有没有人工智能的简单版本呢？！

当然！这个主题无法避免数学问题，但不要担心，复杂的部分将由Python——或者一个合适的人工智能库或数学库来处理！我们尽量不使用太多的专业术语和数学知识。

看一下这组数字：

值	结果
1	3
4	12
7	21
9	27
12	36
15	45
25	?

数字25对应什么结果？

这太简单了：75。

数字总是乘以3！

现在想想你是怎么做到的。你看了一个又一个数字，思考用什么运算方法得到计算结果。你可能已经来回计算过几次，最后才想出把这个数字乘以3。

计算机也可以用类似的方式进行处理。它通过无数的例子“观察”数字是如何变化的，或者说是如何计算的。它从现有的数据中学习——但它不知道基础公式！

但是：如果一组数字太短，那么预测下一个值当然会很困难，甚至是不可能的：

值	结果
7	14
8	???

在这个极端的例子中，几乎不可能（实际上也根本不可能）确切地说出如何继续处理：给每个值加7？还是乘以2？在上述第一组数字中，你可以从示例中学习。但对于第二组短数字，这是不可能的。

【背景信息】

许多人工智能方法也是这样的。可用的数据越多，相应的程序就学得越好，然后对一个可能的结果做出预测或陈述。

这就是它的工作原理：就像你可以在（测试）数据的帮助下学习，然后对新数据的可能结果做出预测一样——这也是许多人工智能方法的工作原理。

这一（学习）过程可以分为三个部分：

1.获取数据。这些数据描述了一个非常实际且具有示范性的事实。在我们的例子中，这是一个给定的数字序列，也可以是任何一种测量数据。

2.一个可以分析，最好用学习过程来描述的过程：你看到一个给定的数字序列，并思考得出结果的步骤。这样你就学到了取得结果所必需的内容。

3.预测。用学到的知识，预测或计算一个值的大概结果。

【背景信息】

计算机在学习过程中的操作方式略有不同（主要取决于方法）——它将值和结果相互关联。试着把它想象成在一个坐标系中输入值和结果，然后用绘图来解决整个问题。

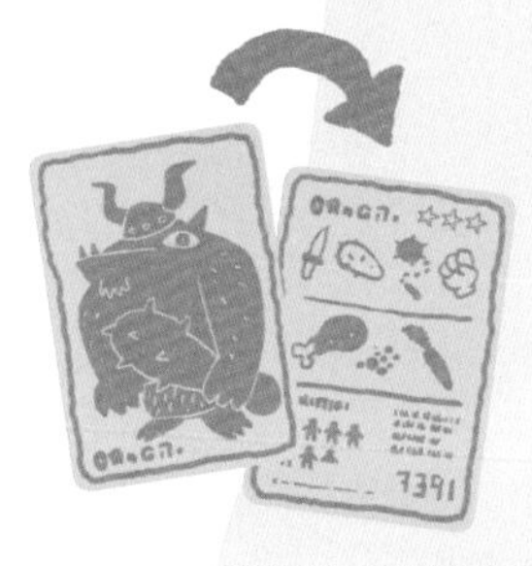

在这个清晰的例子中很快就找到了一个简单的公式：值*3。但在通常情况下，它不是那么明确，或者不能如此明确地计算，而且根本找不到合适的公式！

现在看看这组数字：

值	结果
1	4
3	12
5	18
10	52
12	44
15	79
20	?

我们显然有一个与上面非常相似的数列。看最前面的两行数字就会发现，结果必须是各自的值*4。但是，如果你看一下其余的值，那么这一公式就不合适了。按照这样的公式无法继续。结果会有无法解释的偏差——至少用最初假设的公式会是这样。

幸运的是，这样的问题可以用一种完全不同的方式来解决。我们将整体看作一个图表。因为这样的一个图表胜过千言万语。

正确的结果——有时没有公式

如果用一个简单的图表进行呈现就更容易理解了。因此，需要使用Matplotlib库，并在坐标系中显示上述点。

```
import matplotlib.pyplot as plt
wert = [1, 4, 7, 9, 12, 15]
ergebnis = [3, 12, 21, 27, 36, 45]
plt.plot(wert, ergebnis, 'Db-')
plt.show()
```

简而言之，这是一个以图形方式呈现值的程序。这些是第一个表中的值。

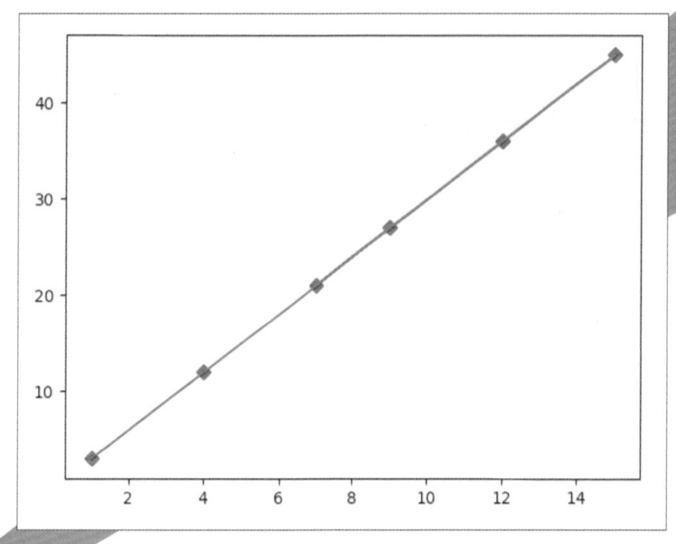

值和结果以图表形式呈现

让各个点通过一条线连接起来。现在可以看到，即使没有公式，也很容易找到其他还没有确定结果的点——但这些值遵循相同的规则（或公式）：

例如，对于*x*轴上的值10，它可以通过直线非常清楚地读出——结果是*y*轴上的值30。当然，如果用现在已知的公式*x**3计算，则会得到同样的结果。

你看，即使不知道公式，也可以推导出任意值的结果！

在我们的图表中，有一条非常简单的线用于连接已知的点。

这与我们的第二组数字完全不同！

让我们来看第二组数字，也用Matplotlib呈现，即让所有的点通过一条线连接起来。

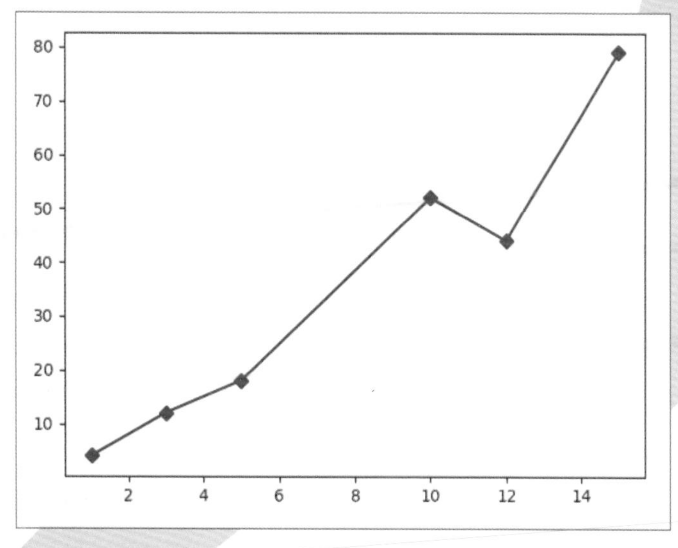

显然很不清楚。我们无法继续下去了……

你马上就会看到：我们无法继续。

这不是我们可以用来预测新值的直线。

我们继续操作，看计算机如何解决：

借助线性回归的人工智能！

为了减少计算，我们使用Python中的numpy库来完成这项工作，它特别适合快速且大规模的数学计算，并且能使这种回归变得轻而易举。

我们已经了解过numpy，所以这已经不是什么新鲜事。

使用命令pip install numpy或你的开发环境，可以快速安装NumPy——如果你还没有完成安装，然后就可以重新绘制图表——包括线性回归：

```
import numpy as np
import matplotlib.pyplot as plt
wert = np.array([1, 3, 5, 10, 12, 15]*1)*2
ergebnis = np.array([4, 12, 18, 52, 44, 79]*1)*2
plt.plot(wert, ergebnis, 'Dr')*3
m, b = np.polyfit(wert, ergebnis, 1)*4
plt.plot(wert, m*wert + b)*5
plt.show()
```

*1这是我们的数组。

*2我们用它来创建一维的numpy数组。

*3在这里，将点绘制到坐标系中。到目前为止，都是学过的内容。

*4对曲线建模的polyfit()方法很有趣，曲线可以从传递的数据中生成。m是斜率，b是所需要的曲线的截面……

*5……在这里画曲线。

现在看起来完全不同了：

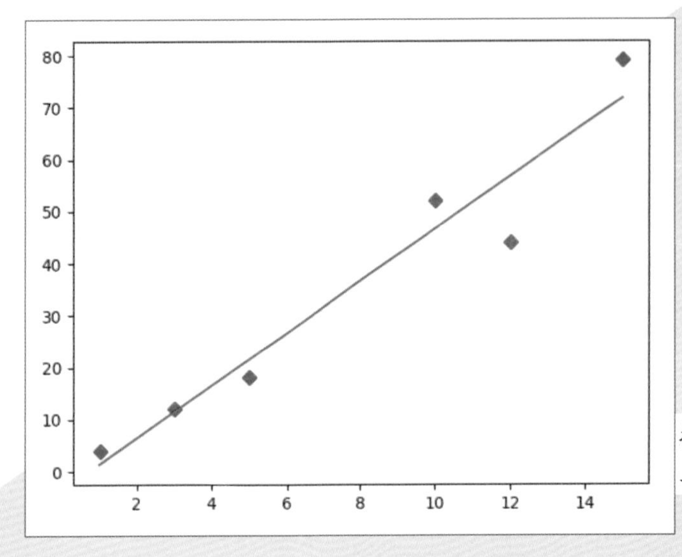

搞定了！我们又有一条线了。

因此，我们又获取了一条线，在这条线上可以看到可能的结果。当然，这有点随便了，但这就是你可以想象的人工智能预测方案（或解决方案）。当然还有不同的方法，我们来看一些。

现在全部使用真正的人工智能

在逐个展示了我们的值后，是时候在Python中进行分析了。

针对刚才做的三个步骤（获取数据、学习和预测），现在在Python中进行编译。我们使用一个名为scikit-learn的库。顾名思义，它是一个机器学习库。可以在https://scikit-learn.org中找到它。可以从开发环境中安装此库，也可以通过命令行使用pip安装此库：

```
pip install scikit-learn
```

以下是Raman Sah向我们提供的程序http://ramansah.com，这一程序可以作为下面程序的基础。RamanSah非常友好，这是他的博客：https://towardsdatascience.com/simple-machine-learning-model-in-python-in-5-lines-of-code-fe03d72e78c6。

需要训练数据

当然，我们可以计算测试数据，有许多例子是这样解释人工智能的。如果一个公式是已知的，那么它可以用来计算任意数量的数据——最好是尽可能多的数据。毕竟，数据越多越好。基础数据越多，后续学习过程就越可靠。

【背景信息】
事实上，所使用的数据通常是（规模很大的）通过测量或研究得来的值。

先使用上述计算的数据。在列表training_eingabe中存储值，在第二个列表training_ergebnis中存储相应的计算结果。你已经在Matplotlib中了解了*x*轴和*y*轴坐标的此类关联列表。

```
training_eingabe = [[1],[4],[7],[9],[12],[15]]*1
training_ergebnis = [3,12,21,27,36,45]
```

*1 将基础值作为列表插入，因为sklearn（即库scikit-learn）在例子中是一个二维数组或相应的列表。

学习人工智能并不是应学校要求

现在是时候给我们的模型或程序提供测试数据并开始学习过程了：

```
from sklearn.linear_model import LinearRegression*1
vorhersage*2 = LinearRegression()
vorhersage.fit(X=training_eingabe, y=training_ergebnis)*3
```

*1给线性回归导入模块。

*2为此我们将创建一个对象，并在下面继续对其进行处理。

*3将值和相应的结果传递给方法fit()。

即使这看起来令人难以置信，但我们的模型已经拥有了所需的一切，因此可以找到一个对任意值都适合的结果！在此过程中，程序并不知道基本公式。

询问神谕的时刻

当然，这里没有神谕在起作用，但令人惊讶的是，我们的scikit-learn库可以轻松地用少量数据（没有基本公式）产生正确的结果：

```
zu_testen = [[25]]*1
ergebnis = vorhersage.predict(X=zu_testen)*2
parameter = vorhersage.coef_*3
print('Ergebnis:', ergebnis)
print('Koeffizient:', parameter)*4
```

*1在这里，指定一个想要计算出结果的值。这里是25，它必须作为二维列表传递。

*2将该值传递给方法predict()，并将结果赋给变量。

*3我们还想要系数，即在一次操作中改变值的数字。

*4当然这两个我们都想输出。

结果如下：

```
Ergebnis: [75.]
Koeffizient: [3.]
```

难以置信，但确实如此。虽然只有少量数据（仍然没有公式），但是经过学习就会产生正确的结果。可以尝试其他值。系数也可以！

第二组数字

【简单的任务】

现在计算第二组数字的结果！

哎呀，

这很简单！

```
from sklearn.linear_model import LinearRegression *1
training_eingabe = [[1],[3],[5],[10],[12],[15]]
training_ergebnis = [4, 12, 18, 52, 44, 79] *2
vorhersage = LinearRegression()
vorhersage.fit(X=training_eingabe, y=training_ergebnis) *3
zu_testen = [[20]]
ergebnis = vorhersage.predict(X=zu_testen)
parameter = vorhersage.coef_ *4
print('Ergebnis:', ergebnis)
print('Koeffizient:', parameter)
```

*1 首先进行调用。

*2 然后是第二组数字的值和结果……

*3 ……学习过程……

*4 ……这里进行预测。

看，结果在这儿！

```
Ergebnis: [96.82599119]
Koeffizient: [5.02643172]
```

【搞定！】

当然，这里也是这样的：可用的数据越多，学习就越好，并且预测或结果越精确！

更多的学习

还有什么比自己学习更有趣呢？当然，是让别人学习！现在，可以尝试如何向scikit-learn库传入一个更复杂的公式。

让我们取一个（任意）公式，它有3个值a、b和c：

```
a*10 + b*2 - c
```

也可以是其他公式，你可以随意改变它。

当然，也可以生成已经完成的列表，作为学习的基础，但那将需要大量输入工作。如果某件事变成了工作，那么你应该像往常一样让计算机来做。因此，最简单的方法是使用随机数来计算包含值和相关结果的列表，然后将这两个列表用于学习。

为此，需要模块random或例子中的randint。也可以立即调用sklearn，因为我们需要该模块中的线性回归进行评估：

```
from random import randint
from sklearn.linear_model import LinearRegression
```

现在是随机数，或者说是两个相应的空列表，值和结果可以存储其中：

```
training_eingabe = list()
training_ergebnis = list()
```

接下来是一个循环，随机值a、b和c在其中计算：

```
for i in range(100):
    a = randint(0, 99)*1
    b = randint(0, 99)*1
    c = randint(0, 99)*1
```

*1这里分别为a、b和c生成0~99的随机数。

是的，立刻得出结果：

```
berechnung = a * 10 + b * 2 - c
```

然后，值和结果仍然在循环内附加到列表中：

```
training_eingabe.append([a, b, c])
training_ergebnis.append(berechnung)
```

记住，可用的数据越多越好。当然也可以让循环多次执行，还可以根据命令让随机数的范围更大。

可以查看已完成的列表：

```
print(training_eingabe)
print(training_ergebnis)
```

```
[[11, 14, 17], [52, 85, 79], [52, 20, 33], [73, 23, 31], ...
[121, 611, 527, 745, 162, 155, 556, 995, 475, 951, 123, 943 ...
```

这里只显示了测试数据的一小部分，但这应该足够了。当然，结果总是不同。

【笔记】

如果你总是需要相同的随机数，则可以用random.seed(42)来实现。根据传递的数字生成的随机数总是相同的，这里42只是一个例子。当然，必须像上面一样调用random。

这里解释得更加清楚，即为什么必须使用二维列表：如果公式由多个值（这里是a、b和c）组成，则必须将它们作为整个列表中的通用列表列出。

现在列表必须被传递给方法fit()：

```
vorhersage = LinearRegression()
vorhersage.fit(X=training_eingabe, y=training_ergebnis)
```

现在你要做的，就是检查一切是否正常运行，以及是否产生了学习效果：

```
zu_testen = [[10, 10, 10]]
ergebnis = vorhersage.predict(X=zu_testen)
parameter = vorhersage.coef_
print('Ergebnis:', ergebnis)
print('Koeffizienten:', parameter)
```

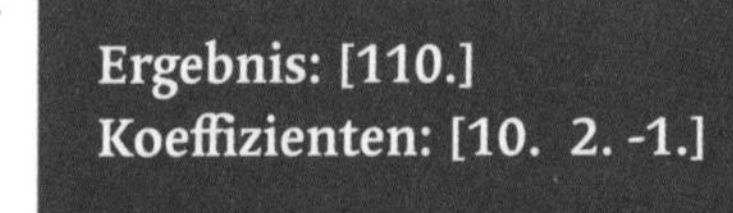

使用RandomForestClassifier进行病毒检测

当然，sklearn提供的不仅是线性回归，它还可以在一个学习阶段后将值转化为结果。有许多所谓的Classifier，它们的处理方式非常不同，因为它们并不涉及需要插入值的公式。有时必须对数据的共同特征进行识别，并根据这些特征对数据进行分类。

这就是RandomForestClassifier的用武之地（它实际上就是这样的）。

具体看起来是怎样的？

还记得那些攻击计算机的病毒吗？它们提供了以下信息：

```
Name,   Größe,  Signatur,  Status
T800,   128,    ABAA,      aktiv
T803,   256,    BCCB,      aktiv
Bit13,  256,    ABAA,      aktiv
Gorf3,  128,    ABAA,      aktiv
Gorf7,  256,    BCCB,      aktiv
```

事实上，你自己也注意到，有些病毒的大小和签名相同，因此它们属于相同的类型。看起来是这样的：

Typ（类型）	Größe,（大小）	Signatur,（签名）
1	128	ABAA
2	256	BCCB
3	256	ABAA

明白了，

我还没有忘记！

对于这些信息，可以使用RandomForestClassifier。如果用现有的数据训练它，一旦一个新的病毒出现，就可以知道它属于哪种类型！

要做到这一点，只需要对数据进行一些修改。对于这个分类器，所有数据都必须是数字类型。因此，我们将名称设置为单一的ID（以数字的形式）。

可以将签名写成十六进制的数字：十六进制数字拥有从0到9，以及从A到F的符号，它们非常适合现有的签名。十六进制数字以0x开头。因此，ABAA形式的签名很快就变成了0xABAA形式的十六进制数字。可以先忽略状态，但也可以将其写成0或1。

```
Name,   Größe,   Signatur,
1       128      0xABAA
2       256      0xBCCB
3       256      0xABAA
4       128      0xABAA
5       256      0xBCCB
```

然后把它写成一个二维列表。它看起来是这样的：

```
viren = [[1, 128, 0xABAA],
         [2, 256, 0xBCCB],
         [3, 256, 0xABAA],
         [4, 128, 0xABAA],
         [5, 256, 0xBCCB]]
```

我们对类型也进行相同的操作，将这些数据也写入一维列表：

```
viren_typ = [1, 2, 3, 1, 2]
```

现在需要正确的导入和RandomForestClassifier类型（或类）的对象。这也可以快速完成：

```
from sklearn.ensemble import RandomForestClassifier
bestimmer = RandomForestClassifier()
```

bestimmer这个名字是否特别合适还有待观察。你可以找个更好的名字。

现在必须将包含数据及其内容的两个列表传递给方法fit()进行学习：

```
bestimmer.fit(viren, viren_typ)
```

这样全部都完成了！这就可以确定新病毒属于哪种类型。

你很容易就能检测到新病毒，并知道它们是什么类型的。

例如，一种新病毒：

```
neues_virus = [[6, 256, 0xABAA]]
```

第一个数字是名称，然后是大小和签名。

*1将新病毒传递给方法predict()。

```
ergebnis=bestimmer.predict(neues_virus*1)*2
print(ergebnis)
```

*2将结果赋给变量ergebnis，然后输出。

也可以试试其他类型：

[24.128.0xABAA]是Typ 1（类型1）病毒，[9.256.0xBCCB]是Typ 2（类型2）病毒。

特别有趣的是，sklearn可以自己判断，哪些特征实际上是相关的、哪些特征（ID或名称）根本不重要！

数据润色——使用正确的策略

你已经看到，有许多不同的方法可以智能地处理数据。

不幸的是，通常情况下，现有数据不能直接使用，部分原因是它们有错误，或者（更糟糕的是）它们存在缺陷。

然后可能需要更新原始数据，例如，通过使用scikit-learn来填补数据中的缺陷。打磨数据不仅有不同的方法，这些方法甚至有不同的策略。其背后是相当简单的方法，不一定是人工智能。

因此，尽管计算机看起来很灵敏，但它总是依赖你。你必须告诉它应该使用什么方法和策略，并且必须确保数据的有效性！

我们来了解Imputer——确切地说，了解scikit-learn的SimpleImputer。

Imputer？

【术语定义】

Imputation是一种统计方法，用于填补缺失的数据。特别是在调查（如问卷调查）中，可能发生数据没有填满的情况。那么，要么删除这些数据，要么使用Imputation方法来填充这些数据。

当然，在使用这种方法时，必须始终保持谨慎，因为太多不完整的数据可能导致最终结果的失真。这里同样适用：可用的数据越多，Imputer处理得越好。

设想有一项调查，顾客被问及各种Dinkelburger的配料、质量和酱料。有3个问题，这些问题有固定的答案，可以用gut（好）、neutral（一般）或schlecht（差）来回答。不幸的是，并不是所有问题都得到了回答：

数据以二维数组的形式呈现。

```
burger = [['gut','neutral','schlecht']*1,
          ['neutral','neutral',None*2],
          ['gut','gut','schlecht'],
          [None*2, 'schlecht', 'gut'],
          ['neutral','gut','schlecht']]
```

*1 这里是每一位顾客的3个答案。

*2 缺少或未给出的回答在数组中被指定为None。

实际的程序很短：你只需要调用SimpleImputer，通过几项设置创建一个对象，然后就能填充缺失的数据！

```
from sklearn.impute import SimpleImputer as Imputer*1
mein_imputer = Imputer(missing_values=None*2,
strategy='most_frequent'*3)
mein_imputer.fit(burger)*4
print(mein_imputer.transform(burger)*5)
```

*1显然，调用是必须的、首要的。

*2可以指定哪个值代表缺失的值，这里是None。

*3这里确定策略。

*4将你的Imputer设置为指定的值。如果你愿意，这就是学习过程开始的地方。

*5使用方法transform()填充作为参数传递的数据，并将其作为返回值返回。

【注意】
根据指定的策略填充缺失的值，方法transform()返回一个新数据数组。原始数组保持不变！

这是新数组：

```
[['gut' 'neutral' 'schlecht']
 ['neutral' 'neutral' 'schlecht'*1]
 ['gut' 'gut' 'schlecht']
 ['gut'*2 'schlecht' 'gut']
 ['neutral' 'gut' 'schlecht']]
```

在填充空值时，指定的策略most_frequent起作用，该策略用于获取此列中最频繁出现的值（作为第三个值）。

*1在本列中，最频繁出现的答案是schlecht（差），因此此处输入schlecht。

*2在此列中，gut（好）是最频繁出现的值。

另一种更简单的策略是constant，它用一个固定的给定值替换所有缺失的值。

```
mein_imputer = Imputer(missing_values=None,
strategy='constant', fill_value='neutral')
```

没有比这更简单的了。使用指定的策略constant，每个空值将被指定的fill_value替换。

当然，任何简单的编辑程序都能做到这一点。

然而，更体现数学性的是这两种策略，即mean和median，它们可以将平均数和中位数设置为值。

【背景信息】
平均数表示所有列值的平均值。中位数是特殊的平均值，其中一半的值低于中位数，另一半的值高于中位数。

作为策略的平均数和中位数

当然，文本或字符串作为值在这两种策略下行不通，它们只能处理数字。在我们的例子中是一个积分或评分体系：

```
import numpy as np
burger = [[1,2,3],
          [2,2, np.nan],
          [1,1,3],
          [np.nan, 3, 1],
          [2,1,3]]
```

我们的调查结果的评分标准是从1到3。

为什么这里需要NumPy和np.nan？

这两种策略都看不懂文本，不幸的是，也看不懂None，但可以看懂NumPy数字的数值等价物，即np.nan。

【简单的任务】
请将这两种策略应用于问卷调查的数据，并输出结果。

我完全可以做到：

```
mein_imputer = Imputer(missing_values=np.nan, strategy='mean')
```

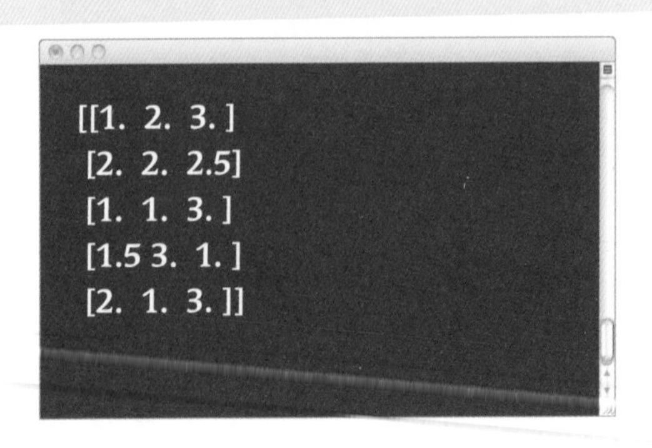

这里是策略mean，即平均数。

```
mein_imputer = Imputer(missing_values=np.nan, strategy='median')
```

这里是中位数。

```
[[1.  2.  3. ]
 [2.  2.  3. ]
 [1.  1.  3. ]
 [1.5 3.  1. ]
 [2.  1.  3. ]]
```

棒极了！

顺便说一句，也可以使用两个含不同数据的数组。如果已经有（调查）数据，并且希望把它作为基础填充其他新数据，那么这个方法会很有意义。接着使用第一个数组，填充第二个数组中缺失的数据：

```
mein_imputer.fit(erstes_array)
print(mein_imputer.transform(neue_umfragedaten))
```

如果只使用一个数组，则也可以用组合的方法fit_transform()替换fit()和transform()两个方法，并一次性给缺失值设置学习（或者计算）基础：

```
print(mein_imputer.fit_transform*1(burger))
```

*1一切都可以一次完成。

你学到了什么？
我们做了些什么？

让我们做个简短的总结：

没有一个伟大的人工智能可以完成所有的任务。相反，根据任务的不同，你必须使用完全不同的方法来准备数据、处理数据或进行预测。

人工智能的背后是数学和统计模型。一个典型的例子就是线性回归。可以使用像scikit-learn这样的库进行处理，从而不需要在数学和统计的丛林中挣扎。

首先，你需要数据，这样就可以进行系统学习，然后在后续步骤中准备数据或进行预测。

这不仅涉及人工智能，而且往往涉及（几乎是老一套的）数据处理。

你看，整个主题虽然很复杂，也非常不容易，但由于Python和它的库的存在，你就不需要是一个数学天才！

—第四章—

使用CSV和JSON进行数据交换

将大量数据从一个计算机系统发送到另一个计算机系统？幸运的是，有如CSV或JSON的特殊文件格式来完成这样的数据交换。

亲爱的弟弟，

我再次需要你的帮助。我们博物馆的计算机系统DeepThought 42和基于云分析的系统Skynet之间需要交换数据。

由于我们的系统尚未连接到网络，所以必须通过文件进行数据交换。我们的专家提到了CSV文件。你能帮我们吗？

使用Python肯定没问题！

没错！Python几乎可以处理任何可以用来交换数据的文件格式——无论CSV、JSON还是如XML的其他格式。借助Python可以处理所有这些格式。

先从CSV开始，它代表 Comma Separated Values，即用逗号分隔的数据（或值）。它可以以文本形式交换大量数据，如文本文件。

我们如今还需要它吗？

是的，当然！尽管CSV是一种古老的格式，但它仍然很热门。它可以以轻量级和易于阅读的方式提供数据。事实上，这种格式在20世纪70年代就已经开始使用了——但即使在基于云的时代（使用SOAP和REST），人们也经常以CSV的形式提供大量数据。

CSV格式很简单，因为所有内容都是文本。它的问题不在于一个数字是整数还是浮点数——它是一条信息，因此是一个文本。后续的处理结果并不重要，至少对CSV文件是这样。

CSV文件甚至与数据库或电子表格中的表有一定的相似性。文件的第一行确定列或列的名称，用逗号分隔。这决定了数据的结构。在下面的行中，你可以找到实际的数据，每行（只）有一个完整的数据，并且每个数据都与CSV文件第一行的结构一样。

【便笺】
如果有两条信息或者记录，那么这样一个CSV文件有3行：带有标题的第一行和带有两个数据的其余两行。

为了区分数据中的单个信息，所有内容都用逗号分隔。

这里是名字！

例如，包含挖掘对象目录的CSV文件可能如下所示：

*1 第一行使用自定义（或预设的）术语定义列。

```
Datum,Grabungsort,Gegenstand,Bemerkung,Katalognummer*1
24.11.,*2Grab,Kette,Steine aus Amazonit*3,GR127*4
24.11.,Grab,Messer,Mit Scheide,GR132*4
```

*4 逗号放在信息之间，而不是放在一行的末尾。

*2 行内的信息用逗号分隔。

*3 文本不必用引号，因为逗号是分隔符。

值（或列）之间的对齐方式并不完全相同（就像表中的对齐方式一样），这就是分隔符的作用，这里分隔符是逗号。

现在该如何做这样一个CSV文件呢？

幸亏有csv模块，你可以使用Python读写上述信息。这里先进行写入。

首先，调用csv模块：

```
import csv
```

然后，打开一个文件进行写入。如果文件不存在，则使用'W'创建，但不进行查询。一个现有文件将被覆盖。newline可用于指定换行符。这里依然使用简单的换行符。

借助with可以使文件处理变得更加简单。你肯定知道这一点。

```
with open('spam.csv', 'w', newline='\n') as csv_datei:
```

由列定义的第一行的值作为元组写入变量。但这不是强制性的，你可以直接将其写入文件。

```
spalten = ("Datum", "Grabungsort", "Gegenstand",
           "Bemerkung", "Katalognummer")
```

将打开的文件作为参数传递给方法writer()：

```
schreiber = csv.writer(csv_datei)
```

现在，可以使用方法writerow()逐行将内容写入文件。当然，先要对列进行定义。

```
schreiber.writerow(spalten)
schreiber.writerow(["24.11.", "Grab", "Kette",
                    "Steine aus Amazonit","GR127"])
schreiber.writerow(["24.11.", "Grab", "Messer",
                    "Mit Scheide" ,"GR132"])
```

可以将每条数据的信息作为元组或列表传递。因为这里是Python代码，所以必须在列表中将字符串写在引号内。

这就是全部内容！这样你就完成了第一个CSV文件的编写。你可以使用任何编辑器打开它，把它导入电子表格，甚至可以将它作为一个完整的表导入数据库。由于CSV是一种众所周知的格式，所以几乎每个数据库程序都可以从这样的CSV文件生成一个表——表中包括所有相关的数据！

由于CSV是一个文本文件，所以你甚至可以直接使用Python打开并将其输出：

```
datei = open("spam.csv", "r")
print(datei.read())
```

```
Datum,Grabungsort,Gegenstand,Bemerkung,Katalognummer
24.11.,Grab,Kette,Steine aus Amazonit,GR127
24.11.,Grab,Messer,Mit Scheide,GR132
```

【背景信息】

如果使用Excel并希望查看CSV文件，也应该在那里导入该文件，而不是简单地双击打开该文件。只有通过导入，Excel才能正确识别逗号分隔的CSV文件，否则，Excel喜欢将每一行数据解释为长的、互相关联的行。

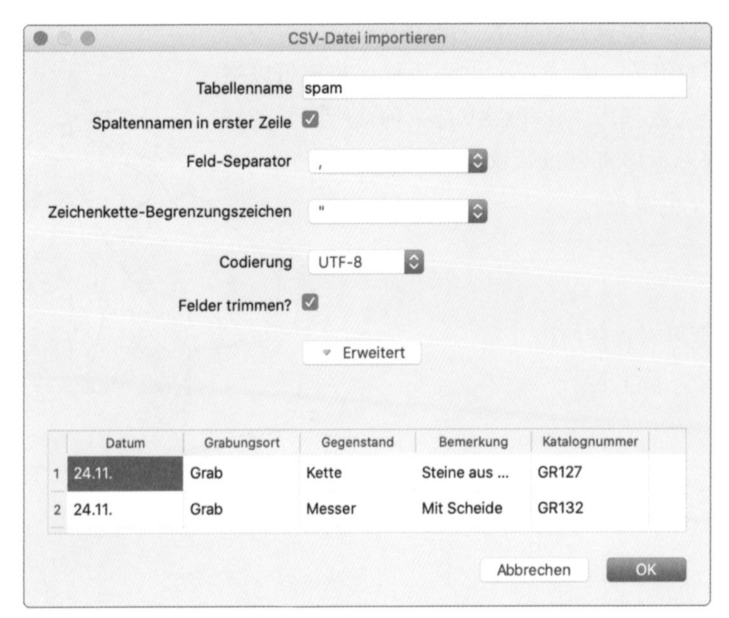

DB Browser for SQLite调用包含列和所有相关数据的CSV文件！

你几乎了解了编写CSV文件的所有重要内容。只剩下几个小点：

- 如果你的文本中逗号作为字符串的一部分，则必须在CSV文件中将该字符串写成引号。否则，CSV文件无法辨别逗号是标点符号还是分隔符。Python可以进行识别并自动处理。
- 空列是有可能的。这样，相应的逗号之间就没有任何内容。在Python列表（或元组）中，必须将Python正确地写成空引号或None。

```
schreiber.writerow(("23.11.", "Am Fluss", "Krug",
         "Zerbrochen, heruntergefallen"*1, "AF12-23"))
schreiber.writerow(("23.11.", "Am Fluß", "Krug", None*2,
         "AF12-25"))
```

*1文本中有一个逗号——在CSV文件中，这个字符串由csv模块自动写在引号内。

*2这里的列没有内容。因此，在CSV文件中，逗号之间没有任何内容，甚至连空格都没有。

```
23.11.,Am Fluss,Krug,"Zerbrochen, heruntergefallen"*1,AF12-23
23.11.,Am Fluss,Krug,,*2AF12-25
```

一些设置和正确的方言

对于CSV文件，并非所有内容都是一成不变的。实际上，即使逗号作为分隔符这一点，也不是强制性的，尽管它甚至是CSV文件名称的由来。

【背景信息】

通常我们需要进行调整，以便另一个系统可以顺利读取CSV文件，毕竟不是所有人都有Python。同样，你必须能够读取以分号作为分隔符的CSV文件，或者使用完全不同的CSV方言创建的CSV文件。

因此，可以对CSV文件的格式进行设置，用于读取和写入。我们来看一些要点：

- 分隔符，通常是逗号，可以使用分隔符参数更改。
- 使用参数lineterminator设置行尾。
- 如果值包含空格或一个（指定的）分隔符，则该值通常会自动用引号括起。借助quotechar可以指定其他符号。
- 借助quoting可以控制quotechar的自动操作。借助csv.QUOTE_NONE关闭自动操作，借助csv.QUOTE_MINIMAL仅考虑包含其他符号（如分隔符或行尾字符）的值。csv.QUOTE_NONNUMERIC考虑所有不是数字的值，csv.QUOTE_ALL实际上用引号（或quotechar定义的值）包围所有内容。

看起来可能是这样的：

```
schreiber = csv.writer(csv_datei, delimiter=';',
   lineterminator='!\n', quotechar='*', quoting=csv.QUOTE_ALL)
```

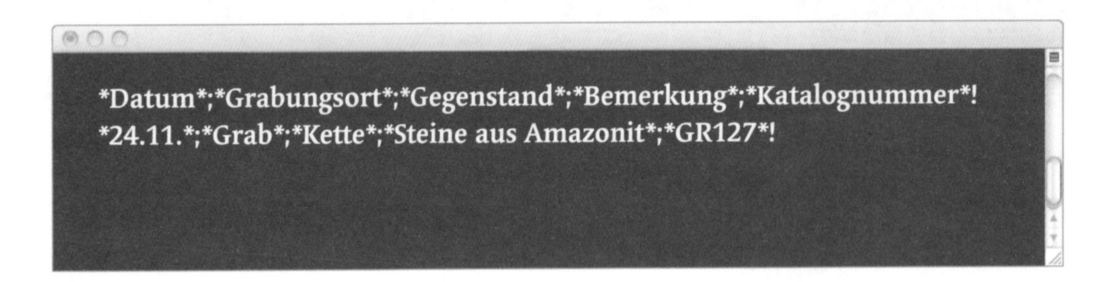

为了避免太过复杂，甚至可以在程序中定义自己的方言：

*1 使用register_dialect，可以定义自己的CSV方言。

*2 第一个参数是接下来可以使用的方言名称，然后是其他参数。

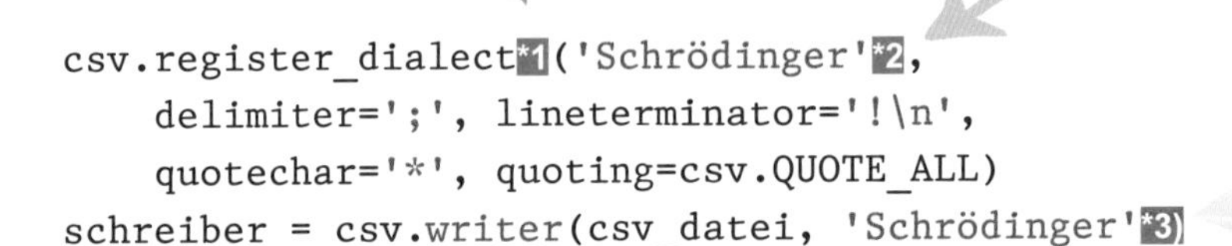

```
csv.register_dialect*1('Schrödinger'*2,
    delimiter=';', lineterminator='!\n',
    quotechar='*', quoting=csv.QUOTE_ALL)
schreiber = csv.writer(csv_datei, 'Schrödinger'*3)
```

*3 这里使用的是'Schrödinger'（薛定谔）方言，无论如何这样看起来都更加清晰。

同样，可以在函数reader()中使用已定义（或注册）的方言，从而读取CSV文件：

```
leser = csv.reader(csvdatei, 'Schrödinger')
```

至少现在定义自己的方言是值得的！

还有一些关于字典的内容

可以在编写CSV文件时使用字典。当然，如果你的数据已经作为字典使用，那真的很有意义。

【便笺】
简单提醒一下：字典是包含键值对的列表类型。字典可以通过花括号和用逗号分隔的具有相关性的'Schlüssel':'Wert'（'键':'值'）来识别。

在我们的例子中，字典看起来或许是这样的：

```
{"Datum":"24.11.", "Grabungsort":"Grab", "Gegenstand":"Kette",
"Bemerkung":"Steine aus Amazonit","Katalognummer":"GR127"}
```

这里不仅有值，每个值还有相应的键。

```
import csv
with open('spam.csv', 'w', newline='\n') as csv_datei:
    spalten = ("Datum", "Grabungsort", "Gegenstand",
    "Bemerkung", "Katalognummer")
    schreiber = csv.writer(csv_datei)
    schreiber = csv.DictWriter*1(csv_datei, fieldnames=spalten*2)
    schreiber.writeheader()*3
    schreiber.writerow({"Datum":"24.11.", "Grabungsort":"Grab",
    "Gegenstand":"Kette", "Bemerkung":"Steine aus Amazonit",
    "Katalognummer":"GR127"})*4
```

*1在这里，通过方法DictWriter()来使用字典。

*2作为最重要的参数，将列表传递给fieldnames，列标题必须与字典中使用的键一致。

*3通过方法writeheader()写入列。

*4还缺少作为字典的数据。

【注意】
顺便说一句，字典中数据的顺序不再重要，因为每个值的定义因为键而具有唯一性。

如果缺少具有指定键的值，那也没问题。但是，如果在这个变量中只有一个值有不同的键，则会发生错误。如果一个键为“Datum”的条目完全丢失，也没问题——相应的列干脆为空。但是，如果你使用了错误的（或未知的）键，如“Darum”，则会出现错误。

错误？

这可不好！

也许不是很好，但错误比一个你完全没有注意到的错误结果要好！这样你就会意识到错误的输入！Python之禅是怎么说的？

“错误不应被默默地忽略。”

读取

当然，编写CSV文件只成功了一半。同样重要的是读取CSV文件，以便能够进一步处理其包含的数据。使用Python可以很容易地做到这一点：

*1调用csv模块后，借助with和函数open()打开CSV文件。

很好，
我们已经有一个CSV
文件了！

```
import csv
with open('spam.csv') as csvdatei:*1
    leser = csv.reader(csvdatei, delimiter=',')*2
    for zeile in leser:*3
        print(zeile)
        for wert in zeile:*4
            print(wert)*5
```

*2借助方法reader()打开的文件将作为CSV文件装载。你可以指定文件中使用的分隔符。默认为逗号，因此不需要额外指定。

*3现在你要做的就是逐行运行并继续处理——这里每一行都直接用函数print()输出。

*4当然，你也可以进一步读取每一行的值。

*5这里由于空间限制没有呈现。但是，在任何情况下，你都可以看到如何查询各个值。

```
['Datum', 'Grabungsort', 'Gegenstand', 'Bemerkung', 'Katalognummer']
['24.11.', 'Grab', 'Kette', 'Steine aus Amazonit', 'GR127']
['24.11.', 'Grab', 'Messer', 'Mit Scheide', 'GR132']
```

【便笺】
尽管读取CSV文件很容易，但你必须记住，第一行不包含值，而是列标题。

但这还不是全部……

还可以以键值对的形式读取CSV文件。

这非常方便，因为每个值都有匹配的键：

*1因此，不应该使用reader()方法，而是使用DictReader()方法。

```
import csv
with open("spam.csv") as csvdatei:
    leser = csv.DictReader(csvdatei)*1
    for zeile in leser:*2
        print("Neue Zeile:")
        for schlüssel, wert in zeile.items():*3
            print(schlüssel,'->', wert)*4
```

*2从文件中逐行读取文件内容。

*3可以将每一行作为键值组合读取……

*4……并用函数print()格式化输出。

优点显而易见！

每个值都有相应的键，这里是一条数据的例子（即CSV文件的一行）：

```
Neue Zeile:
Datum -> 24.11.
Grabungsort -> Grab
Gegenstand -> Kette
Bemerkung -> Steine aus Amazonit
Katalognummer -> GR127
```

在变量行中返回的是字典的子类——一个OrderedDict。它保留了插入键的顺序——从Python 3.7开始这也作为普通字典的标准。只是呈现有所不同。对于正常的处理来说这并不重要，尽管如此，你可以使用函数dict()从结果中创建一个非常经典的字典。在这里，可以看到两种类型的比较（由于空间限制，只输出了一行）：

```
import csv
with open("spam.csv") as csvdatei:
    leser = csv.DictReader(csvdatei)
    for zeile in leser:
        print(zeile*1)
        print(dict(zeile)*2)
```

*1这里是原始的OrderedDict……

*2……这里是经典的、众所周知的字典。

```
OrderedDict([('Datum', '24.11.'), ('Grabungsort', 'Grab'), ('Gegenstand', 'Kette'),
('Bemerkung', 'Steine aus Amazonit'), ('Katalognummer', 'GR127')])*1
{'Datum': '24.11.', 'Grabungsort': 'Grab', 'Gegenstand': 'Kette', 'Bemerkung':
'Steine aus Amazonit', 'Katalognummer': 'GR127'}*2
```

别忘了：如果一个CSV文件有一些特征，例如有可替代的分隔符，那么可以（也必须）在读取或写入参数时，以及在使用之前注册的方言时考虑到这一点。

这样就有了读写CSV文件所需的一切。尽管让你的兄弟带着要求来吧！

关于JSON

亲爱的弟弟，

我刚刚了解到，我们还需要处理一种叫作JSON或类似格式的数据。我希望用它传递数据也不是问题？

你的哥哥

JSON？

没听说过！

他指的肯定是JSON，也就是JavaScript Object Notation。与CSV类似，它是一种可读格式，可用于存储数据。与CSV格式相比，它存储的数据更加复杂。JSON实际上来自JavaScript世界，但很快就成为一种非常实用的格式。它可以建立相对复杂的数据结构，而且（相对）易于阅读。

JSON与Python中字典的格式非常相似。这两种格式的核心要素是都要有键值对。在任何情况下，“值”不仅可以是单个的原子值，还可以是一个列表或其他更复杂的数据元素。

别担心，薛定谔！没有必要深入研究JSON格式。现在更重要的是，将现有数据转换为JSON格式，以及读取JSON格式的数据并能进一步处理。

JSON格式转换与还原

为此，我们将做一个真实的练习，在这个练习中，一次将数据呈现为普通的字典，一次将数据呈现为JSON。

使用一个现有的数据，首先将其表示为字典，然后将其表示为JSON元素：

```
element = {'Datum': '23.11.', 'Grabungsort': 'Am Fluß',
         'Gegenstand': 'Krug', 'Bemerkung': None,
         'Katalognummer': 'AF12-25'}
```

这就是我们的数据。其中的一个元素Bemerkung是没有值的——这很正常。

我们让这个字典输出——确切地说，用pprint模块的PrettyPrinter进行格式化：

```
import pprint
pp = pprint.PrettyPrinter(indent=4)*1
pp.pprint(element)*2
```

*1这是我们的PrettyPrinter实例。参数indent指定缩进的范围。

```
{'Bemerkung': None,
 'Datum': '23.11.',
 'Gegenstand': 'Krug',
 'Grabungsort': 'Am Fluß',
 'Katalognummer': 'AF12-25'}
```

*2这里是用pprint模块处理过的输出，非常美观！

现在把字典转换成JSON格式。先调用json模块，并从数据element中创建一个JSON格式的版本：

*1 方法dump()返回生成的JSON元素。

```
import json
print(json.dump*1(element, indent=4)*2)
```

*2 数据和缩进值作为参数传递。

```
{
   "Datum": "23.11.",
   "Grabungsort": "Am Flu\u00df",*3
   "Gegenstand": "Krug",
   "Bemerkung": null,*4
   "Katalognummer": "AF12-25"
}
```

*3 特殊字符以Unicode表示，其使用字符的十六进制值呈现。

*4 在Python中为None的值，在JSON中称为null，和在JavaScript中一样。

差不多！

没错，只有几个小区别！

还有什么不同呢？值的顺序不同，但在字典或JSON格式中这不重要，因为所有的值都是通过它们的键而标识，并且具有唯一性。花括号的不同排列也只是一种单纯的装饰。

THUMB UP!

输出到文件是小菜一碟：

```
with open('spam.txt', 'w') as datei:*1
    json.dump(element, datei, indent=4)*2
```

*1 使用with打开要写入的文件。

*2 使用方法dump()和资源datei作为第二个参数，所有内容都写入文件。

仍然可以使用Python输出文件，也可以使用任意编辑器打开文件——完成！

JSON也需要读取

当然，也可以像编写JSON格式的信息文件一样轻松地读取它。

我们想要读取现有文件spam.txt，并将其作为字典输出。

```
import pprint
import json*1
with open('spam.txt', 'r') as datei:*2
    eingelesen = json.load(datei)*3
    pp = pprint.PrettyPrinter(indent=4)
    pp.pprint(eingelesen)*4
```

*1除了json模块之外，还需要pprint模块。最后，字典也要以美观的格式输出。

*2借助with打开文件spam.txt，从而作为datei读取。

*3方法load()从给定文件中读取JSON并返回字典……

*4……这里再次输出——非常美观。

```
{   'Bemerkung': None,
    'Datum': '23.11.',
    'Gegenstand': 'Krug',
    'Grabungsort': 'Am Fluß',
    'Katalognummer': 'AF12-25'}
```

通过None很容易识别：从JSON创建了一个字典。

当然，也可以直接使用JSON格式的数据。定义为字符串的JSON是来自数据库查询还是REST传输都不重要，魔法般的词（或方法）就是loads()：

*1这是真正的JSON，这里被定义为字符串。

```
import json
datensatz = '''{
    "Datum": "23.11.", "Grabungsort": "Am Flu\u00df",
    "Gegenstand": "Krug", "Bemerkung": null,
    "Katalognummer": "AF12-25" }'''*1
eingelesen = json.loads(datensatz)*2
print(eingelesen)
```

*2通过方法loads()，JSON被加载并作为字典返回。

```
{'Datum': '23.11.', 'Grabungsort': 'Am Fluß', 'Gegenstand': 'Krug',
'Bemerkung': None, 'Katalognummer': 'AF12-25'}*2
```

你学到了什么？我们做了些什么？

让我们做个简短的总结：

在不同的系统之间交换数据让人非常头疼。不管系统新旧与否，使用CSV文件或JSON格式的数据，都能正确地写入或读取数据。

CSV是一种文本格式，信息逐行存储其中。第一行确定了所有列，后面各行都有一条数据。数据中的所有信息都以逗号（或其他指定符号）分隔。

JSON格式起源于JavaScript语言，是有效的JavaScript代码。可以使用Python轻松地读写这种格式。除了少数特殊之处，它类似Python中的字典。其最重要的特征是，所有信息都以键值对的形式存在。

虽然CSV格式的数据相当简单并且是一维的，但JSON格式中的数据可以深层嵌套，就像你从字典中知道的那样：键值对的值可以是单个值，也可以是一个列表类型。

—第五章—

文本处理的利器

正则表达式

检索文本其实没那么难。但通常，简单的检索和替换还远远不够——正则表达式：文本和各种文本操作的黄金定律。

“关于我们出土物的展览！
数百篇文章……

……必须检查关键字……

……分类并按主题归类……

……必须找到文本的某些部分……”

没问题，我来搞定，
因为我有Python！

没错！使用正则表达式，可以对文本进行令人难以置信的操作。

正则表达式？

这是检索模式，你可以通过它们准确地找到最复杂的文本段落。

检索模式？听起来很复杂。
不能使用普通的文本函数来实现这一点吗？

正则表达式一点也不难。很多操作，如果只通过普通的文本函数来执行（或者根本不能执行）将耗费很多精力。与正则表达式相比，传统方法需要复杂的程序结构。正则表达式一开始看起来有点复杂，但请记住Python之禅是怎么说的：

“复杂胜于难懂。”

我将向你展示，为什么正则表达式在某些情况下几乎是不可取代的。

检索——非常经典

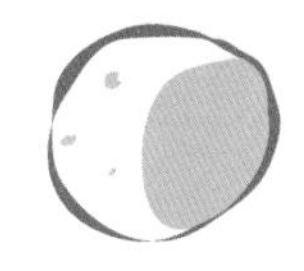

我们有一个文本列表。通过这个文本可以检索到某些术语，确切地说是术语Licht和Lager。

【简单的任务】

你有一个包含多个文本的元组。找出Licht和Lager出现在哪些文本中。

```
texte = (
'''Nicht einmal das Mondlicht erhellte die Nacht, als wir
unser Basislager am schwarzen Fluss erreichten.''',
'''Nur die Fackeln spendeten ein unheimliches
Licht und erleuchteten unser Lager.''',
'''Nach all der Plagerei waren selbst die Wachen
pflichtvergessen eingeschlafen.'''
)
```

这就是要检索的元组。它包含了待检索的多行文本。

【注意】

如果在文本行的末尾加上一个或多个空格，被检索的单词也会因此往后移位，这可能导致不同的结果！

很好理解。

这项任务很简单！

方法find()很合适！此外，还需要使用一个循环遍历元组：

*1 遍历元组。每次运行时，当前语句被赋值给变量text。

*2 输出要检索的内容……

*3 ……使用方法find()检索字符串中的文本。

```
for text in texte:*1
    print("Licht:"*2, text.find('Licht')*3, end='  '*4)
    print("Lager:", text.find('Lager'))*5
    print("-" * 40)*6
```

*4 换行符被空格替换，以便在一行中输出所有内容。

*5 检索下一个单词Lager。

*6 看起来有点像一条长线。刚刚检索的文本不会再次输出。

一种结果是单词的位置，即索引位置；一种结果是无法找到文本，因此将-1作为值。

这是结果：

```
Licht: -1  Lager: -1
----------------------------------------
Licht: 43  Lager: 72
----------------------------------------
Licht: -1  Lager: -1
----------------------------------------
```

等等！

第一条语句中的Licht包含在Mondlicht中，Lager包含在Basislager中！？

当然，部分单词的大小写是不同的！但这也很容易处理。使用方法lower()，所有内容都会被设置成小写以进行比较。如果检索词和被检索的全部文本都是小写的，那么licht的检索结果会在licht和mondlicht中找到：

*1使用方法lower()，检索的文本和被检索的文本都是小写的。

*2通过Method Chaining，会附加另一个方法find()，它使用小写文本。

```
for text in texte:
    print("Licht:", text.lower()*1.find*2('Licht'.lower()*1),
      end=' ')
    print("Lager:", text.lower()*1.find*2('Lager'.lower()*1))
    print("-" * 25)
```

当然，Licht和Lager也可以小写，如果后期要扩展程序，并将变量用作检索词，那么一切都已准备完毕！

【笔记】
Method Chaining是一种方便的方法，它可以将一个对象的多个方法串联起来。

然后得出这一结果：

```
Licht: 21  Lager: 66
-------------------------
Licht: 43  Lager: 72
-------------------------
Licht: 48  Lager: 14
-------------------------
```

为什么在最后一个文本中找到了单词Licht和Lager呢？

很简单，薛定谔：

"Plagerei"一词中包含了Lager，"pflichtvergessen"一词中包含了Licht！

你应该检查文本，看检索词是否在每个词的开头或结尾。

使用正则表达式就不成问题

你看，通过一个普通的检索，已经可以做很多事情。但是当事情变得棘手时，通常只能使用正则表达式。

让我们尝试一下正则表达式！

正则表达式的全部内容都在re模块中。当然，首先必须调用以下内容：

```
import re
```

使用正则表达式进行最简单的检索是借助方法search()。可以直接通过re模块使用此方法。

将两个参数传递给方法，即检索字符串（我们就这么称呼它，虽然它不仅是检索字符串）和被检索的文本。

*1直接使用对象re，而不是文本或检索元素。

*2调用方法search()并传递两个参数……

```
for text in texte:
    print(re*1.search*2('Licht'*3, text*4))
    print(re.search('Lager', text))
    print("-" * 50)
```

*3……检索字符串，实际上就是检索模式……

*4……以及被检索的文本，像往常一样从元组中获取。

我们不需要在print()函数中输出检索到的元素。它将在检索结果中呈现：

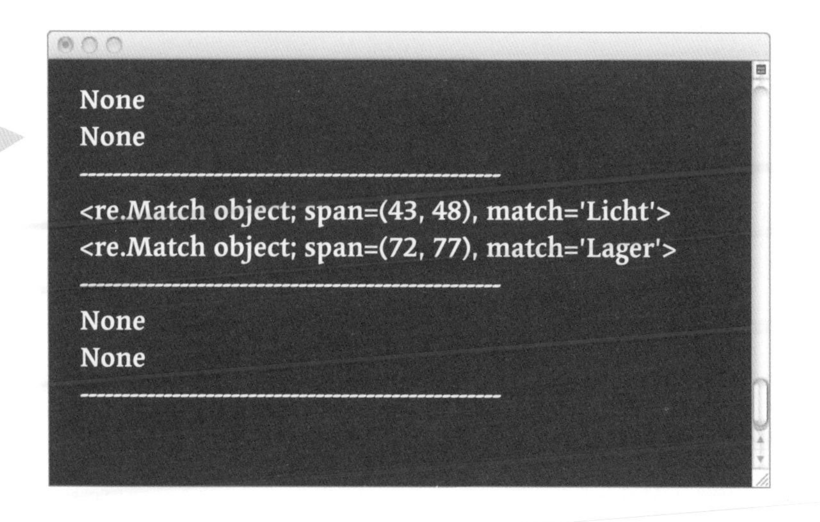

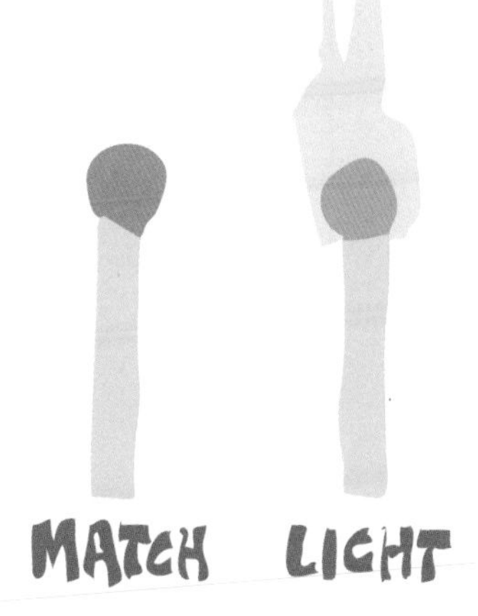

如果没有匹配到文本，那么结果就是None。如果有一个匹配项，那么就会返回一个检索对象。你不仅可以看到开始位置，还可以看到结束位置，结果本身也会呈现。

【背景信息】

以这种方式找到的检索对象在条件语句下（例如，在if语句中）对应True！ 相应地，None对应False。

但目前仍然区分大小写。现在我们把它关掉。

关掉？

像开关那样？

没错！正则表达式可以识别一些类似开关的命令，这些开关可以转换特定的检索行为。只不过它们不叫开关，而是更专业一些：修饰符。

i是此类修饰符之一，它代表 Case Insensitive，指的是不区分大小写。因此，你完全不必将检索词和文本全部设置为小写（或大写）。

在检索模式的开头，即圆括号中写入修饰符问号：(? i)。

看起来是这样的：

```
re.search('(?i)*1Licht', text)
re.search('(?i)*1Lager', text)
```

*1修饰符直接写在引号中的检索文本中，就像它属于文本本身一样！

这样一来，这个检索就不再区分大小写。

结果不言而喻：

```
<re.Match object; span=(21, 26), match='licht'*1>
<re.Match object; span=(66, 71), match='lager'>
-----------------------------------------
<re.Match object; span=(43, 48), match='Licht'*1>
<re.Match object; span=(72, 77), match='Lager'>
-----------------------------------------
<re.Match object; span=(48, 53), match='licht'>
<re.Match object; span=(14, 19), match='lager'>
```

*1match显示了正则表达式实际匹配的内容：它找到了一次小写的licht，找到了一次大写的Licht。

如果现在查看检索词：

```
'(?i)Licht'
'(?i)Lager'
```

那么，之所以正则表达式不是关于检索项，而是关于检索模式，就变得更加清楚了。它不仅涉及检索的简单文本，而且涉及检索的模式。

还有一个问题！你可能已经注意到了：在第三行中，单词“Plagerei”和“pflichtvergessen”是结果的一部分，其中包含我们的检索词。

但实际上，我们寻找的单词要么是独立的，要么是在单词组合的末尾（或开头），即Licht和Mondlicht或Lager和Basislager。这两种情况都以检索词结束。你要做的就是让检索模式明白，在检索词的末尾不能有更多的字母：以检索词作为结尾。

也就是说，检索词后没有其他字母，而是空格、点、逗号、分号或感叹号。当然，它也可以在字符串的末尾，即检索的单词位于末尾。

正则表达式清楚这一点：它涉及单词边界的问题。这听起来不怎么样，但很好地描述了它涉及的内容：一个词在这里结束（或开始）。

当然，肯定还有特殊符号。正则表达式有很多指定的符号，单词边界的符号是“\b”，反斜杠后跟小写的b。b代表boundary，即边界。这就是所谓的元字符。

这些必须添加在检索词或检索模式中：

```
'(?i)Licht\b'
'(?i)Lager\b'
```

有一点要注意：反斜杠在普通字符串中已经有它的含义。它在文本中用于表示某些特殊的字符。例如：“\t”是制表符；“\n”是newline，即换行符，等等。“\b”也已经被使用了，即作为退格符：它表示光标向前移动一个位置，即向左移动。

因此，“\b”可能不会被识别为正则表达式的元字符，而是被识别为退格符。可见，必须避免“\b”被当作退格符进行读取。

对此有两种解决方法。

1.必须对反斜杠进行转义。

必须在反斜杠之前添加另一个反斜杠来转义反斜杠：

```
'(?i)Licht\\b'
'(?i)Lager\\b'
```

这样Python就知道，它不应该把“\b”理解为退格符，而是将其原本的含义传递给re模块。

2.把文本标记为原始文本。

也可以告诉Python，它是一个文本，应该用编写时的方式进行处理：作为原始文本，直接在字符串前面用一个小写的r标记。这样文本完全按原本的含义传递给re模块。

```
r*1'(?i)Licht\b'
r'(?i)Lager\b'
```

*1 由于文本前面存在r，所以文本不会被进一步解读，Python也不会尝试将“\b”理解为用于文本的退格符。

看起来可能是这样的：

```
for text in texte:
    print(re.search('(?i)Licht\\b*1', text))
    print(re.search(r*2'(?i)Lager\b', text))
    print("-" * 50)
```

*1 通过一个附加的反斜杠转义反斜杠。

*2 把表示检索模式的文本标记为原始文本，前缀为r，该文本可以按原本的含义在re模块中被继续处理。

结果是对的！

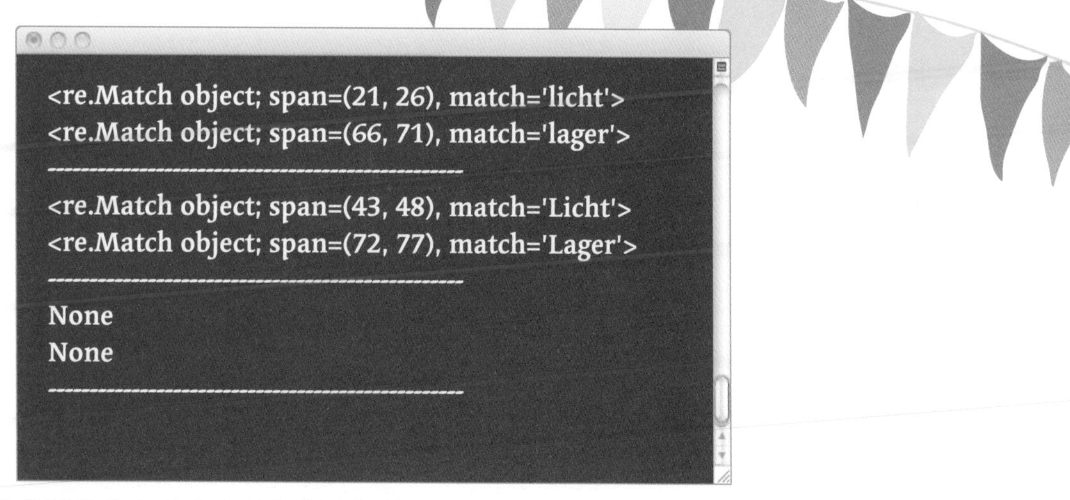

只有检索词单独出现或出现在单词末尾才会被视为匹配项。

快速了解一些标记

在正则表达式参与检索的每个检索命令中（不仅是re.search），你都可以将所谓的标记作为第三个参数传递。

```
re.search(suchwort, text, re.IGNORECASE)
```

你知道检索词和待检索文本的实际命令和前两个参数。

当然！

这里有趣的是第三个参数re.IGNORECASE。它就像一个开关，并且在这种情况下，它与(?i)完全相同。因此，不用考虑大小写。对你来说是不是太复杂了？它还有一个缩写形式：re.I。

但这不是唯一的标记：

- 借助re.DEBUG，可以获得当前正则表达式的调试信息。

- 标记re.VERBOSE，简称re.X，会让检索模式中的空格和空行消失。这样就可以用空格甚至多个命令行清晰地编写长而复杂的表达式。

- 通常，点（无转义的反斜杠）不是检索模式中的点，而是除换行符之外的任何字符。借助标记re.DOTALL或缩写re.S，换行符也会被识别为有效字符。否则，它将作为(?s)直接写入正则表达式。

- 还有re.MULTILINE，即re.M。使用它会匹配整个字符串的开头（在检索表达式中写为^）和结尾（写为$），并且即使存在多行也无关紧要。也可以将其作为(? m)写入正则表达式。

- 实际上，所谓的字符类包含Unicode的所有字符（包括变元音）。使用标记re.ASCII或re.A，只考虑传统的ASCII字符。

使用竖杠符号“|”可以同时设置多个标记：

```
re.search(suchwort, text, re.I | re.VERBOSE)
```

为什么有不同的方式编写它呢？

你是说，比如使用“re.IGNORECASE和(?i)”？那些不懂Python的人可能识别(?i)，而re.IGNORECASE是Python中的内容。这样对于非行家来说就没那么困难。

让我们继续。来做个小任务吧！

精确检索单词的函数

你将所看到的内容写入一个函数，这更实用！当然，该函数应该有很多功能，甚至能够给出一个评估。

【艰巨的任务】

编写一个函数，该函数获取检索词和被检索的文本，并给出检索结果的评估。

如果这个词是单独的词，那它就是一个完全匹配项（Volltreffer）。如果检索词位于一个单词组合的开头或结尾，则为匹配项（Treffer）。如果检索词是单词中的一部分，则为部分匹配项（Teiltreffer），否则返回False。不区分大小写。

该函数的名称应为text_beurteiler。

可以使用以下文本和函数调用进行测试：

```
text = '''Unser Schiff fuhr auf einem Nebenfluss des Amazonas
in Richtung der verschollenen Stadt Athacamal.'''
```

这里是函数调用：

```
print(text_beurteiler('Schiff', text)) #完全匹配项
print(text_beurteiler('Fluss', text))   #匹配项
print(text_beurteiler('Scholle', text)) #部分匹配项
print(text_beurteiler('Morgenrot', text)) #False
```

对于这个任务有一个建议：

【笔记】
虽然“\b”表示单词边界，但“\B”正好相反——它表示这里还有单词！

然后我们想要……

首先，使用两个参数进行调用和函数定义：

```
import re*1
def text_beurteiler(wort, text):
```

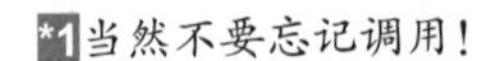

*1当然不要忘记调用！

检索完全匹配项。变量wort中的单词在开头和结尾必须都有一个单词边界。因此，需要一个包含变量wort的检索模式，并且必须将其赋给变量 muster。

```
muster = "(?i)\\b" + wort + "\\b"
```

文本也可以写作原始文本，变量wort可以用大括号插入，格式化文本的关键字借助f插入。看起来可能是这样的：

```
muster = rf"\b{wort}\b"
```

借助参数r将文本设置为原始文本，借助参数f设置为格式化的re.I文本。这样，可以以非转义的方式写入“\b”，并将变量（多亏了f）直接插入花括号！

也可以省略(?i)，并将其作为标记re.I放在检索re.search中。

太棒了！

现在继续操作程序……

```
if(re.search(muster, text, re.I)):
    return "Volltreffer"
```

检测该检索模式是否能被找到。如果可以找到，则使用return返回函数，同时返回Volltreffer（完全匹配项）！

现在来看在单词开头或结尾的匹配项。需要两种模式，一种是在开头有单词边界，但在结尾没有单词边界，另一种与之相反。

```
muster_anfang = rf"\b{wort}\B"
muster_ende = rf"\B{wort}\b"
if(re.search(muster_anfang, text, re.I)
    or re.search(muster_ende, text, re.I)):
    return "Treffer"
```

如果满足两个条件中的任何一个，则使用return返回函数，同时返回Treffer（匹配项）！

还有一种情况，检索词完全在另一个词中：

```
muster = rf"\B{wort}\B"
if(re.search(muster, text, re.I)):
    return "Teiltreffer"
```

这里既不是单词的开头，也不是单词的结尾，而是完全相反，位于单词的中间，即“\B”。

如果上述条件都不适用，那么可以假设这个词根本不存在。实际上不需要再检查了，可以直接返回None：

```
return None
```

完成！

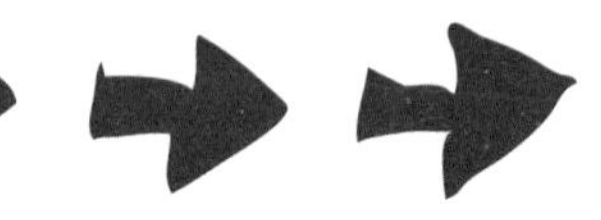

```
Volltreffer
Treffer
Teiltreffer
None
```

很棒！这是一个完整的函数：

```
import re
def text_beurteiler(wort, text):
    muster = rf"\b{wort}\b"
    if(re.search(muster, text, re.I)):
        return "Volltreffer"
    muster_anfang = rf"\b{wort}\B"
    muster_ende = rf"\B{wort}\b"
    if(re.search(muster_anfang, text, re.I)
        or re.search(muster_ende, text, re.I)):
        return "Treffer"
    muster = rf"\B{wort}\B"
    if(re.search(muster, text, re.I)):
        return "Teiltreffer"
    return None
```

寻找像Licht或Schiff这样的特定术语是一件相对简单的事情。正则表达式可以做的还有很多。例如，所谓的预定义字符类……

预定义字符类、一个点和一些案例

什么？

字符类？

什么是预定义？？？

它们是具有共同含义的特定符号。

你已经知道了“\b”代表单词边界，以及它对应的“\B”。实际上，它们是带有明确定义的字符：点、逗号、分号、空格等。这些包括了所有可能的符号，这些符号不被看作正常单词的一部分，而是具有共同特征的字符类。

还有更多：

- \d表示数字，其中包括从0到9的所有数字。\D含义相反，为非数字。
- \s表示Whitespaces，即空白格（s代表spaces，即空格）——这些字符不是直接可见的：空格、制表符或换行符。当然，也有一个对应的大写“\S”，它包括所有不是空格的字符。
- \w表示所有字母数字字符。其中包括所有的数字、字母和下划线。它也有一个对应的“\W”。

现在你应该对预定义字符类有了一定的了解，但还有其他具有特殊意义的字符。

在正则表达式中，非常流行且最重要的字符是点，即“.”。

点代表检索模式中的任意字符。如果要检索几个区别很小的单词，那么点会很有帮助。

例如：如果你正在寻找两个单词Hallo和Hello，这两个单词只在第二个字母不同，则可以使用点进行处理：

```
import re
suche = 'H.llo'
print(re.search(suche, "Hallo Schrödinger"))
print(re.search(suche, "Hello World"))
```

在结果中可以看到，Hallo和Hello都被找到了：

```
<re.Match object; span=(0, 5), match='Hallo'>
<re.Match object; span=(0, 5), match='Hello'>
```

如果想检索一个点，该怎么做呢？

这也可以实现：你在点（就是一个真正的点）前面写一个反斜杠（\.）。这样Python就知道你不是在寻找任意字符，而是在寻找一个真正的点：

```
suche = '24\.12'
print(re.search(suche, "Die Berechnung lautet 24-12*1."))
print(re.search(suche, "Der 24.12.*2 ist ein besonderer Tag."))
```

结果是唯一的：

```
None*1
<re.Match object; span=(4, 9), match='24.12'>
```

*1 由于检索的是一个位于两个数字之间的点，所以没有匹配项。

*2 这里看起来完全不同，因为数字之间有一个点。

文本的开头和结尾很有帮助。通过正则表达式可以指定，被检索的文本必须在开头或结尾。如果在开头，表示为“^”；如果在结尾，表示为“$”。

看起来可能如下所示：

这里，检索一个必须位于文本开头的a：

```
suche = '^a'
print(re.search(suche, "abc"))
print(re.search(suche, "cba"))
```

就像“\b”代表单词边界一样，“^”代表字符串的开头：只有字母a在开头时，才会有匹配项。

```
<re.Match object; span=(0, 1), match='a'>
None
```

也可以这样说：

正则表达式检索一个开头，开头后必须跟着一个a！

这里是一个必须位于末尾的a：

```
suche = 'a$'
print(re.search(suche, "abc"))
print(re.search(suche, "cba"))
```

```
None
<re.Match object; span=(2, 3), match='a'>
```

在第一次检索中没有找到它，因为虽然找到了一个a，但没有以它结束。在第二次检索中我们很幸运：a位于末尾。

案例——检索日期和时间

按日期检索文本。有些文本包含日期，更确切地说，包含任何日期。你要找到并输出此日期。这是一个示例文本：

```
text = "Wir brachen früh am Morgen des 17.10.2020 auf."
```

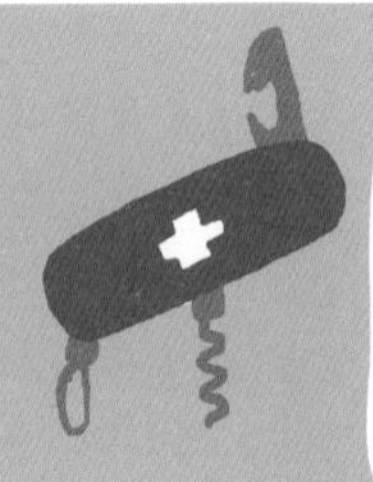

【简单的任务】
写一个正则表达式来检索这样的日期，即检索被两个点隔开的8个数字。

哈哈，

这样的正则表达式我很快就能写好！

```
muster = r"\d\d\.\d\d\.\d\d\d\d"
```

\d和\b（在文本中表示退格符，在正则表达式中表示单词边界）完全不同。因此，不需要将文本标记为原始文本。

是的，看起来可能是这样的！

【笔记】
对于正则表达式（经常被修改和完善），通常使用r（表示原始文本）作为一种基本的、防患于未然的做法。

两位数表示一天，然后加一个点。同样用两位数表示月份，然后也加一个点，然后用四位数表示年份。既然我们在寻找一个真正的点，那么这个点必须写成这样：“\.”。“正常”的点表示搜索模式中的任何字符。

【代码加工】
还可以在检索模式的开头和结尾给日期添加单词边界“\b”。这使它更精确，正则表达式也更可靠！

【简单的任务】
现在请将所有内容完整地写成一个可以输出的简短程序。

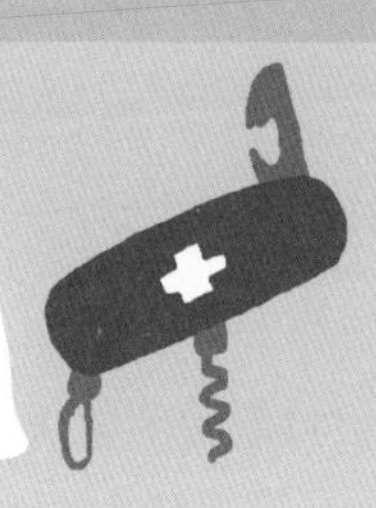

```
import re
text = "Wir brachen früh am Morgen des 17.10.2020 auf."
muster = r"\d\d\.\d\d\.\d\d\d\d"
print(re.search(muster, text))
```

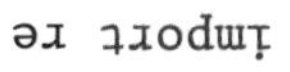

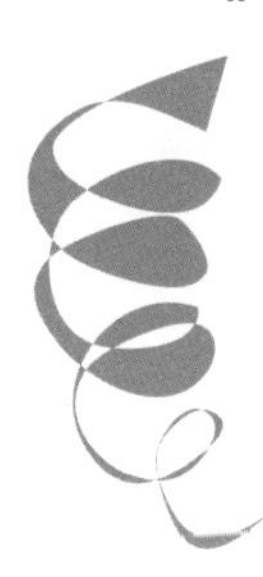

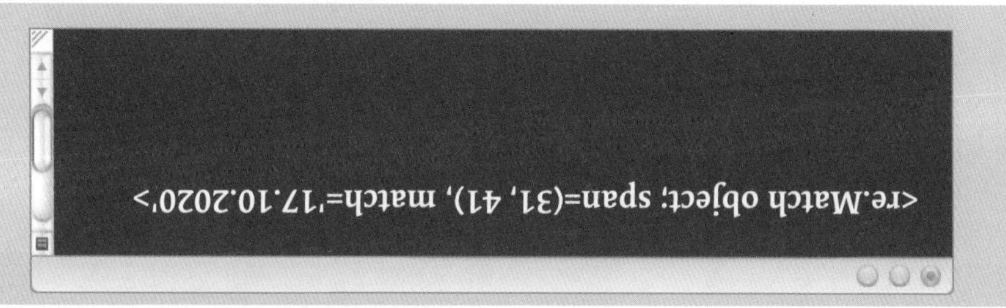

现在，

我该如何继续处理检索到的信息呢？

胜过任何预言——读取匹配对象

你的意思是，如何从匹配对象中分别读取日期或位置？对此，匹配对象有自己的方法和属性，你可以有针对性地查询这些方法和属性。查询之后，不要立即使用print()函数输出检索结果（或匹配对象），而是先将其赋给一个变量，然后继续处理。

【注意】

只有在存在有效结果的情况下，才能使用匹配对象的方法和属性。如果没有匹配项，则没有匹配对象，并且在访问方法时会出错！

可以在if条件中使用此变量，以确定是否存在有效的匹配对象（以及检索结果）。

然后，可以将所需的方法应用于变量或读取属性：

```
ergebnis = re.search(muster, text)*1
if ergebnis:*2
    print(ergebnis.span()*3)
    print(ergebnis.start()*4)
    print(ergebnis.end()*5)
    print(ergebnis.group()*6)
    print(ergebnis.string*7)
```

*1将检索结果（匹配对象）赋给任意变量。

*2借助if可以检测是否存在有效的匹配对象，以及是否可以访问下面的方法和属性（没有错误提示）。如果没有匹配对象，而你又尝试使用其中一个方法，则会发生错误。

*3方法span()返回一个带有字符串开始和结束位置的元组。

*4也可以直接给出开始位置……

*5……就像字符串中的结束位置一样。

*6方法group()返回文本中的真实检索结果。

*7借助属性string甚至可以再次显示检索的整个字符串。

```
(31, 41)*3
31*4
41*5
17.10.2020*6
Wir brachen früh am Morgen des 17.10.2020 auf.*7
```

找到标识符——练习胜于学习

所有的理论都是灰色的。通过一些例子和尝试，它会变得更好，更丰富多彩。请看以下情况：

描述发现的宝藏和文物的文本被意外地存储在与挖掘申请表相同的文件夹中。你的任务是查找文物的描述。

```
texte = (
'Fundstück a10-03, Stab, Fundort: Höhle am Fluss.',
'Info 9027, Formular Transport Flight22-17',
'Gegenstand c07-92, Tongefäß, Fundort: Flussufer',
'9012, Text, Erzählung über Höhle, 3650-32'
)
```

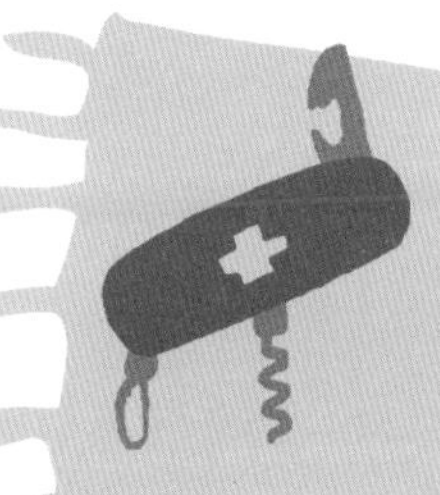

【简单的任务】

找到文物的描述。为此写一个正则表达式。

每件文物都有一个独特的六位数字标记：一个字母，后面跟着两个数字、一个连字符和另外两个数字。在我们的文本中，第一个和第二个文本是对文物的描述。

首先是正则表达式！

```
suche = '\w\d\d-\d\d'
```

第一个字符是字母，然后是两个数字、一个连字符和另外两个数字。

剩下的很简单：

```
for ein_text in texte:*1
    ergebnis = re.search(suche, ein_text)*2
    if ergebnis:*3
        print("Treffer:", ergebnis.group()*5)*4
```

*1所有文本都要在这里被检索一遍。

*2然后使用正则表达式，并将结果赋给变量。

*3借助if检测是否有检索结果，或者称为匹配项！

*4如果有匹配项，则输出匹配项。

*5借助方法group()选择实际匹配项。

现在把这些保存在文件中并运行。

```
Treffer: a10-03
Treffer: t22-17
Treffer: c07-92
Treffer: 650-32
```

正则表达式还适用于所有行，包括这两行，它们显然不是对文物的描述：

```
'Info 9027, Formular Transport Flight22-17',*1
'9012, Text, Erzählung über Höhle, 3650-32'*2
```

*1这里，我们的模式适用于单词部分和下面的数字。

*2同样，我们的模式适用于带连字符的较长数字。

此外，“\w”也适用于数字，而不仅是字母。

我可以使用单词边界解决这个问题！！！

```
suche = r'\b\w\d\d-\d\d\b'
```

字符串前面的r是单词边界“\b”所必需的，否则“\b”表示退格符。

到目前为止，表达式前后都有一个单词边界“\b”，这样就排除了更长的字符串，在这些字符串中，我们的模式同样适用。

这是正确的结果：

```
Treffer: a10-03
Treffer: c07-92
```

但是，

怎么检索字母呢？

你已经看到，预定义字符类（尽管名称很奇怪）非常实用，但它们并没有涵盖一切。如果预定义字符类不够也没问题：你可以定义自己的字符类！

设置自定义字符类

如果预定义字符类不够，则可以定义自己的字符类，这是正则表达式最简单的练习之一。可以通过方括号[ ]来完成，在其中为一个位置输入所有有效字符：

允许字母a、b或c：[abc]

允许数字2、4、6、8：[2468]

允许数字1、3、5、7、9：[13579]

字符在括号内的顺序并不重要，字符是直接并排书写的：没有逗号和空格，也没有所需字符的开头或结尾——可以理解为，似乎允许使用空格。

每个方括号代表一个位置，因此必须写两次方括号来获取更多位置。

如果要检索所有的字母，
会很长吗？

这实际上会（可能）更长：

```
[0123456789]
[abcdefghijklmnopqrstuvwxyzäöüß]
[ABCDEFGHIJKLMNOPQRSTUVWXYZÄÖÜß]
[abcdefghijklmnopqrstuvwxyzäöüABCDEFGHIJKLMNOPQRSTUVWXYZÄÖÜß]
```

因此，可以使用连字符缩短连续区域：

```
[0-9]
[2-8]
[a-z]
[b-f]
[A-Z]
```

但是，必须指定德语中的变元音，因为它们不在a-z或A-Z的范围内——与“\w”不同，“\w”也识别变元音。

嘘，你也可以尝试匹配a-z的所有字母，包括变元音和ß：[a-ü]

连续的部分区域和完全不同的区域也可以一起指定。

这里检索字母b、c、d、e、f：[b-f]

这里检索数字2~8：[2-8]

还可以在括号内指定多个子范围。这样，字母b、c、d和h、i、j、k将被检索：[b-dh-k]

这里将检索从1到7的数字和字母b、c、d：[1-7b-d]

允许所有小写字母和所有大写字母：[a-zA-Z]

这里包括所有变元音：[a-zäöüA-ZÄÖÜß]

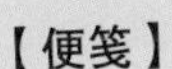

字符类“\d”表示的就是[1234567890]，或其缩写[0-9]。

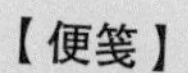

字符类“\w”包含所有大小写字母、所有数字和下划线[a-zA-Z0-9_]，以及所有变元音。

这样就可以对前面任务中以六位数标记的正则表达式进行改进。检索的第一个字符是一个字母，后面是两个数字、一个连字符和另外两个数字。

```
suche = r'\b\w\d\d-\d\d\b'
```

此表达式正确匹配到a10-03或c07-92。但它也会找到这样的文本段：

123-01或932-87

这里的第一个位置是一个数字。然而，根据六位数标记的描述，第一个位置必须是一个字母——不是数字，也不是下划线。这正是字符类“\w”所检索的！

最好使用自定义字符类，如[a-zA-Z]或（如果需要，包括变元音）[a-zäöüA-ZÄÖÜß]或[a-üA-Ü]，它只检索字母，在这个例子中是大小写字母。

这比使用(?i)或re.I更灵活，因为这样你就可以忽略整个正则表达式的区别。但在同一表达式的其他位置，你可能希望（或必须）区分大小写。

【注意】
每个指定的字符类，就像预定义字符类一样，只代表一个字符。

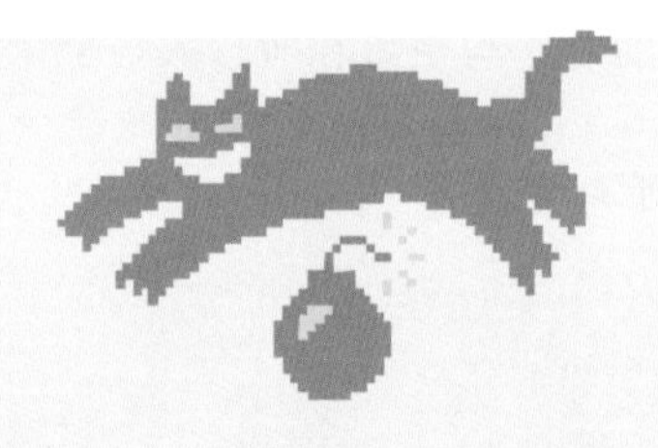

【背景信息】
此外，你可以用[.]写一个真正的点，而不是必须使用“\.”进行转义。这里你有一个只包含一个字符的字符类。

自定义字符类有助于更好地检索日期

使用自定义字符类，现在可以更好地检索日期——以“检索日期—重载”形式。看看下面的句子：

```
texte = (
"Wir brachen am Morgen des 17.10.2020 auf.",
'Transport Nummer 92.22.2017'
)
```

在第一句中，我们实际上有一个正确的日期，之前的正则表达式r"\b\d\d[.]\d\d[.]\d\d\d\d\b"可以识别它。然而，在第二句中，它不是一个日期，但我们的正则表达式也可以找到它：

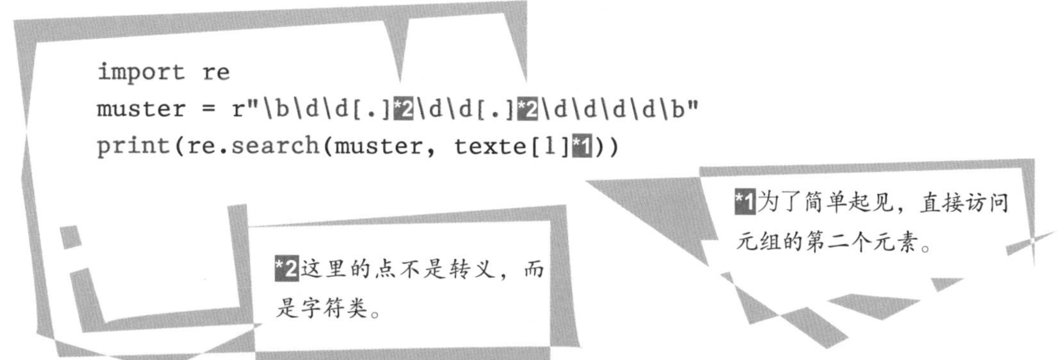

```
import re
muster = r"\b\d\d[.]\d\d[.]\d\d\d\d\b"
print(re.search(muster, texte[1]))
```



```
<re.Match object; span=(17, 27), match='92.22.2017'>
```

【简单的任务】

查看正则表达式。哪里不准确？为什么在这里发现了一个错误的日期？

\d表示从0到9的数字，并始终代表所有数字。然而，对于日期中的某些位置，并不是所有数字都被允许。日期的第一个位置（十位）最大是3，月份的第一个位置（十位）最大是1。不存在2020.21.42？！

【艰巨的任务】

调整正则表达式，使它能够更加可靠地进行处理。

我做到了！

我是这样做的：

```
muster = r"\b[0123]\d[.][01]\d[.]20\d\d\b"
```

1. 需要一个r，这样“\b”不会被理解为退格符。
2. 在开始和结尾的单词边界也适用。
3. 第一个位置上的“\d”不准确。这里只能是数字0~3，即[0123]。
4. 日期的第二个位置可以保留“\b”。
5. 这些点也很合适。
6. 用于月份第一个位置的“\d”也不准确。这里只能是数字0~1，即[01]，第二个位置可以保留“\b”。
7. 当前的时间已经足够年份使用了，即2000到2099。

【艰巨的任务】

查看（正确的）答案并思考：在什么情况下正则表达式仍然可以返回有问题的结果？

1.日期最大可达31。
但日期第二个位置上的数字，0~9都被允许。
因此，可能出现2020.12.37这样的日期。

2.同样，月份最大为12，但月份第二个位置上的
数字也允许0~9。这样可能出现13~19月。

3.有的月份有30天，有的月份有31天。
2月又不一样。

4.还有闰年，闰年的2月还会多一天。

【注意】

正则表达式可以做很多事情。然而，总有一些情况不能完全显示！

但这不成问题！在这种情况下，编写适当的逻辑程序可能有用。它可以替代正则表达式，也可以与一个甚至多个正则表达式结合使用。

哎呀，

这里我还注意到一件事情，

它可能有问题！

日期和月份必须始终用两位数字表示，并且年份也必须写成四位数字。

因此，正则表达式无法识别像2020.11.2或20.4.17这样的日期。

我们可以解决！如果正则表达式中单个元素的数量是可变的，那么就可以很好地在检索模式中指定它。

这个魔法般的词是……

量词——多久使用一次或者根本不使用？

正则表达式中也有Quantifier，也称作Quantifizierer（量词）。借此你可以指定元素在检索模式中可以或必须出现的频率。

也可以把它叫作Multiplizierer吗？！

如果你想这样，那也可以。

实际上，它显示了有可能的重复。如果没有量词，这可能是一个相当大的编写任务（任务量非常大）。

这里有一些例子——没有量词的生活！

一个五位数的数字，只包含非零的偶数：

```
[2468][2468][2468][2468][2468]
```

一个具有10个字符的单词：

```
\w\w\w\w\w\w\w\w\w\w
```

我们更不想写这10个字母[a-zA-ZäöüÄÖÜß]。

一个带有5~10个字符的单词呢？

没有量词是行不通的！

一个具有1~4位数的数字？

如果没有量词，这也是不可能的……
让我们来看看量词吧！

量词提供的最简单的方法是指定范围。这样的量词是用花括号写的。在花括号中，你可以指定从……到……的重复次数，用逗号分隔：

```
{1,4}
```

这样，一个元素可以出现1~4次，并且可以被正则表达式找到。量词必须直接写在元素后，通常可能是这样的：

```
\d{1,4}
```

也可能是这样的字符串：1、42、0、9762、133。

以下是一个包含5~12个字符的字母和数字的单词：

```
\w{5,12}
```

例如包括文本中的单词（或数字）：Hallo、Schrödinger、10Vorne、19631 或Area51。

还可以指定出现的确切次数。为了找到某一年，年份必须写成4位数？一个只由大写字母组成的检索词必须要有8个字符？你可以将从……到……的两个值写成一样，或者指定一个没有逗号的值，这将定义固定的数量：

\d{4, 4}或简单的\d{4}表示一个精确的四位数：1234、4200或0009

[A-Z]{8, 8}或[A-Z]{8}表示有8个精确字母的大写单词：HAUSBOOT或 COMPUTER。

顺便说一句，甚至可以将下限或上限保留为空：

```
{ ,4}
```

看起来不太习惯的东西，其实很实用。在这种情况下，如果第一个边界“从……”缺失，则搜索的元素最多被匹配4次，但它也可能根本不存在！

它可能是一个可选数字（例如在字母或单词之后）：

```
[a-zA-Z]{4,6}\d{,4}
```

这是一个有4~6个字母的单词，它后面没有数字或最多有4个数字。它看起来像密码或用户名。使用正则表达式，你可以检查它的有效性：Hallo12、Peter、Peter9999或Haus24。

如果花括号中的第二个值为空，如{5，}，则表示最小值，但是没有上限。

然后，你可以在程序中继续回应，例如声明新密码不符合规则并且必须重新输入。

不止一个匹配项——findall()和finditer()

在做一些练习之前，让我们看一下re模块中的另外两个检索命令，这两个命令不是显示一个匹配项，而是显示在文本中找到的所有匹配项，它们是findall()和finditer()。

相比search()在检索成功时先返回一个检索对象，然后停止处理，findall()和finditer()的处理更加彻底。如果有检索结果，这两种方法都直接继续检索文本，并检索是否有其他匹配项：

- findall()返回一个简单的列表，该列表包含所有找到的元素。如果检索失败，则会得到一个空列表。
- finditer()为每个找到的元素返回一个单独的检索对象，并且可以使用循环迭代该对象。

以防万一，我们检索一个简单的文本单词Licht，不区分大小写：

```
import re
text = '''Das Licht der Fackeln war schlicht zu dunkel.
Unsere Lampen brachten zum Glück mehr Licht.'''
suche = "(?i)Licht"
print(re.search(suche, text))*1
print(re.findall(suche, text))*2
for treffer in re.finditer(suche, text):*3
    print(treffer)
```

*1这是经久不衰的经典方法，它在返回第一个匹配项后停止检索。

*2findall()从一个列表中返回所有匹配项。

```
<re.Match object; span=(4, 9), match='Licht'>*1
['Licht', 'licht', 'Licht']*2
<re.Match object; span=(4, 9), match='Licht'>*3
<re.Match object; span=(29, 34), match='licht'>
<re.Match object; span=(84, 89), match='Licht'>
```

*3finditer()为每个匹配项返回一个单独的检索对象。在循环的帮助下，你可以进行迭代，并像往常一样处理各个检索对象。

用量词进行一些处理

想象一下，在一个文本中有几个手机号码，但它们乱七八糟。它们中肯定包含无效的手机号码：

```
text = '''Notizen: 12345678901 017712345678
0172-12345679, 017512345678901 0177/1234567089'''
```

这是相应的程序——这里有一个空的检索模式。检索模式前面的r不是强制性的，但加上它更好：

```
import re
suchmuster = r""
ergebnis = re.findall(suchmuster, text)
print(ergebnis)
```

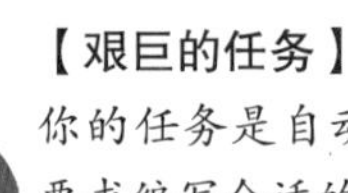

【艰巨的任务】

你的任务是自动读取手机号码。根据要求编写合适的检索模式。

我们，确切地说是你，从一个非常简单的表达式开始，而这个表达式必须不断被完善。

这就开始了：

使用findall()检索所有具有11~12位数的数字！

小菜一碟……

```
suchmuster = r'\d{11,12}'
```

```
['12345678901', '017712345678', '017512345678']
```

找到了以下数字：

```
'''Notizen: 12345678901 017712345678
0172-12345679, 017512345678901 0177/1234567089'''
```

【注意】
正则表达式是贪婪的。它们总是尽可能多地读取（如果匹配的话）。

因此，如果在检索模式中仍有第12位匹配，那么正则表达式就不会在第11位终止。如果你没有明确地指定它，那么正则表达式并不关心是否还有更多数字。它会就此停下。

当然，这可能意味着它根本不是一个手机号码，因为可能还有几十个数字：

017512345678901

这个数字有太多位数（虽然多了3个，但也太多了）——如果没有单词边界，这对正则表达式来说并不重要。它需要多少就取多少，其余的它都不在乎！

【注意】
这意味着你必须始终记住如何明确地确保只取有效值或输入！

让我们继续：

一个真正的手机号码在开头是01。
将正则表达式更改为以01开头。

```
suchmuster = r'01\d{9,10}*1'
```

*1 当然，你必须从花括号的数字中减去01这两个数，这样就只剩下9~10个数字。

```
['017712345678', '017512345678']
```

现在还剩下两个潜在的手机号码。不过你还需要进行更多的改进，因为这还不完美。

至少在我们的（简单的）情况下，手机号码可以在第4位之后有一个连字符或斜线。你也可以这么表述：

首先是01，

然后是两个数字，即\d{2}，

有一个或者没有连字符或斜杠，即[-_/]{0,1}，

然后是7~8位数字，即\d{7,8}。

对了，你现在可以添加单词边界：

```
suchmuster = r'\b01\d{2}[-_/]{0,1}\d{7,8}\b'
```

为了在开头和结尾添加单词边界，现在应该将文本标记为原始文本。

结果不言而喻。有效的手机号码是：

所有其他数字都与正则表达式不匹配。多亏了单词边界，过长的数字也会被排除！如果没有单词边界，那么过长数字的部分也可能被作为匹配结果输出：

```
['017712345678', '0172-12345679', '017512345678', '0177/12345670']
```

简单了解：量词?、*和+

我还有三个量词想向你介绍：?、*和+。你可以使用这些量词，就像使用花括号中的现有量词一样。因此，可以把它们直接写在频繁出现的字符或元素后：

?表示字符或元素只能出现一次或根本不出现（类似{0,1}）。

*表示字符或元素出现零次或多次（类似{0, }）。

+表示字符或元素出现一次或多次（类似{1, }）。

太棒了！

有效的密码

在许多情况下，边界在检索中很重要。你已经了解了单词边界“\b”。但只有这样一个单词边界有时是不够的。

想象一下：一位新用户要输入密码。此密码要求有5~8个字符，不使用特殊字符，也不使用变元音，并且密码末尾至少要有一个两位数。

因此，有效密码可能是Computer42或Schatz96343。

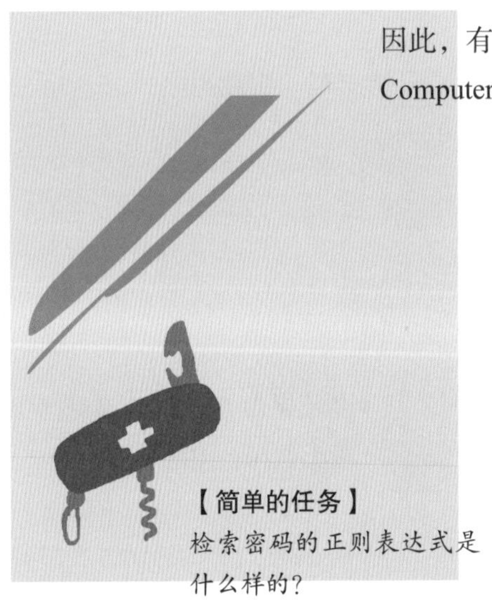

【简单的任务】

检索密码的正则表达式是什么样的？

这个正则表达式可能是这样的：

```
gueltiges_kennwort = r"\b[a-zA-Z]{5,8}\d{2,}\b"
```

r再次用于单词边界，然后是5~8个字母，没有变元音或特殊字符，在最后至少有一个两位数。

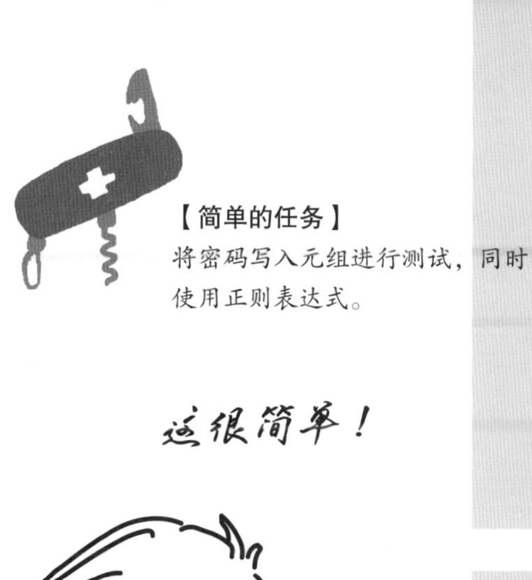

【简单的任务】

将密码写入元组进行测试，同时使用正则表达式。

暂时？

开始、结束和一些建议

正则表达式已经足够优秀。但是，即使使用单词边界，可能仍会产生无效的输入。

看看下面的单词：

```
'Mein Computer123456', '1 Schatz963 ***'
```

你最好试一试：

```
eingaben = ('Computer42','Schatz96343',
        'Mein Computer123456', '1 Schatz963 ***')
```

```
<re.Match object; span=(0, 10), match='Computer42'>
<re.Match object; span=(0, 11), match='Schatz96343'>
<re.Match object; span=(5, 19),
match='Computer123456'>
<re.Match object; span=(2, 11), match='Schatz963'>
```

这两项实际上是无效的密码输出，表明正则表达式（至少在某些情况下）不会清除无效的单词。

你必须小心：即使使用单词边界“\b”，也会有一些无效单词，且产生匹配项。正则表达式有两个主要任务：一是简单地检索内容——与文本中的其他内容无关；二是检测某些文本或输入是否符合指定的规则。在这种情况下，检索（部分）内容是不够的。你必须考虑整个文本，即从字符串的开头到结尾！

对于单词边界，使用空格就足够了，这样，在不符合要求的输入中，正则表达式仍然会找到一些有效的内容：

'Mein Computer123456'——这里找到的会是部分字符串'Computer123456'。

如果你保存这部分字符串，则用户将来登录时会遇到问题，因为输入了较长的密码。

更危险的是：有人可能试图通过这种方式将恶意代码植入你的程序，例如，操纵数据库询问：

'Computer 123456<恶意代码>'

援助来了，薛定谔！幸运的是，你不仅有单词边界，还有一个真正的开始“^”和一个真正的结束“$”！

只需将单词边界更改为相应的开始和结束：

```
gueltiges_kennwort = r"^[a-zA-Z]{5,8}\d{2,}$"
```

*1 这里不再需要单词边界，字符串必须从这里开始。

*2 这里一定是结束。结束！

因此，只找到有效的条目：

```
<re.Match object; span=(0, 10), match='Computer42'>
<re.Match object; span=(0, 11), match='Schatz96343'>
None
None
```

你为什么不直接告诉我呢？

正则表达式非常有用，但你必须始终思考，如何使表达式更安全，即“防水”的表达式！

【背景信息】

重要的是，要始终检测正则表达式。不仅要使用有效的输入，还要使用故意输错的输入（或文本）。否则，一些文本突然导致意外单击的情况会一次又一次地发生。

在检测正则表达式时，你必须考虑什么会导致表达式产生偏差，以便立即改进。一个正则表达式严格按照你的规则进行处理，它总是尝试提供与这些规则相对应的内容。

这意味着，你要有针对性地排除表达式中不需要的字符！就像编程一样，你必须尽可能准确地告诉计算机如何进行处理。你必须告诉它，什么是被允许以及想要的，什么是不被允许以及可以排除的。

Teste deine regulären Ausdrücke，Schrödinger!
（测试你的正则表达式，薛定谔！）

哦，在我们结束之前，还有组要说……

组？

检索组——不仅是一个字符

到目前为止，每个字符或位置都被单独考虑。“\d”表示数字，“\w”表示单词字符，a就是a。当然，它们可以由不同的量词进行调整和修改。然而，它们总是指定相同类型的一个位置或字符。

但是，如果你正在寻找一系列特定的字符——例如，文本中很长的DNA序列，该怎么办？对于DNA序列，字母ATCG总是被允许的，其中3个字母形成一个单元：ATG、CGC、AAT、TAC、AAT……

使用这样的表达式可以很容易地找到单个单元：

```
suche = "[ATCG]{3}"
```

或者更可靠的是，两侧都使用单词边界：

```
suche = r"\b[ATCG]{3}\b"
```

有了findall()，所有的序列都可以从文本中读出——至少每个序列都是单独的。但是，你能找到相互匹配的序列——也就是说，不是单个元素，而是几个连续的（至少两个）序列吗？

```
dna = '''GEHEIM!!! Dies ist eine DNA-Sequenz nach dem
Muster ATG von einer Probe aus der Höhle am
Fluss: ATG CGC AAT GCG ATA TAC AAT GCG. WICHTIG!!!'''
```

为此，只需使用圆括号将检索元素"[ATCG]{3}"转换为检索组："([ATCG]{3})"。

KccHHH

这样一个检索组就像一个单元，你可以像使用字符类一样使用它——只是它不是针对单个位置或字符，而是针对任意长度和复杂的元素，并且你可以再次将量词应用于这样的检索组！

为了找到至少由两个序列组成的序列，必须使用该组并添加一个合适的量词。

由于序列之间总是有一个空格，你必须将它包含在检索组中。在例子中，每个包含3个字符的序列后都有一个空格或点。你可以把它写成[.]，或者更一般地用空格“\s”和点“\.”，即[\s.]。

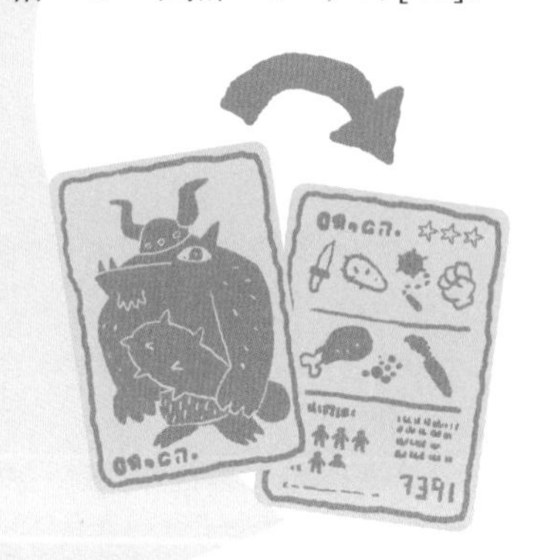

【背景信息】
不需要在方括号中转义点（作为真正的点），但是“\s”在方括号中仍然是“\s”——毕竟它不是字母s，而是字符类！

处理完毕后看起来是这样的：

```
import re
text = '''GEHEIM!!! Dies ist eine DNA-Sequenz nach dem
Muster ATG von einer Probe aus der Höhle am
Fluss: ATG CGC AAT GCG ATA TAC AAT GCG. WICHTIG!!!'''
suche = r"([ATCG]{3}[\s.]){2,}"
print(re.search(suche, text))
```

终于可以看到结果了：

```
<re.Match object; span=(96, 128), match='ATG CGC AAT GCG ATA TAC AAT GCG.'>
```

找到了整个序列，而第二行中的单个序列ATG被排除在外。

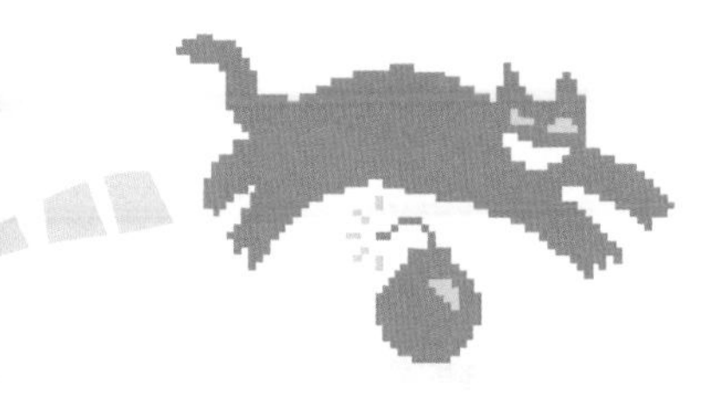

【注意】

这里也一样：如果你在文本行的末尾添加空格，结果当然会因为这些空格产生移位！

关于函数compile()

还有一件事：如果你在网上检索正则表达式的示例或解决方案，则将频繁看到compile（编译）。你可以使用它来分析正则表达式。看起来可能是这样的：

```
import re
suchmuster = re.compile('in')*1
print(suchmuster*2.search('Schrödinger'))
```

*1 分析正则表达式并将其赋给变量……

*2 ……然后使用它继续处理。

```
<re.Match object; span=(6, 8), match='in'>
```

无论是否使用函数compile()，检索结果都是相同的。关键在于速度，但在这期间，它几乎不会受到影响。然而，有些人更喜欢使用函数compile()，因为他们认为该语法更方便。

你学到了什么？我们做了些什么？

让我们做个简短的总结：

你已经对正则表达式有所了解，并且开发了复杂的检索模式，使用这些模式可以从文本中获取最终奥秘。

为此，你可以构建或开发自己的检索模式，并将其与被检索的文本一起传递给re模块的检索命令。

如果有匹配项，则可以使用re.search返回一项，或者使用re.finditer返回多个匹配项，然后继续读取这些匹配项。re.findall将所有找到的结果以列表的形式呈现。

检索模式实际上是一个非常普通的文本。对于某些字符类（即\b），你应该将其写作原始文本，这样它就不会被解释为退格符。

你已经了解了预定义字符类，并且还创建了可以代表不同字符的自定义字符类。

在量词的帮助下，你可以指定某件事可以（或必须）发生的频率，从而拥有一个匹配项。

多亏了检索组，使检索变得更加灵活。

现在你真的可以好好休息一下啦！

—附录—

适用于所有无法
匹配的内容

消失的章节

每一本专业书里都存在人们不需要的章节。可能你已经自行完成了必要软件的安装；或许你还不需要专门的章节来详细介绍编辑器，因为你已经有一个，并且足够应付现在的工作；或许你已经是某个大型开发环境的固定用户了，如Eclipse或Netbeans，因此根本不需要本书中所介绍的程序。

但是可怕的是，人们经常可以从他们跳过的章节中找到一些对别的方面有用的信息，因为这些章节中可能隐藏了其他地方没有的专门知识。

和其他专业书相比，这本书本身就与众不同。我们把所有不需要按照顺序排列的，只是比较有趣的章节放到下面这个章节中：

消失的章节！

一些在普通章节中不存在的选读内容被迁移到了这里。“消失的章节”只处理它原本的主题。

不管你是通过“消失的章节”这一提示来这里进行查阅，还是依旧停留在正常的章节，只需要看这个主题是否能为你提供新的知识。

Python的新家

—附录 A—

在Windows系统中安装Python

在使用Python操作之前，或许还需要进行安装。这不是什么大事，操作起来也很快——只是要知道从哪儿安装到哪儿！

如果你的系统是Linux或者macOS，则Python可能已经安装完成，但在Windows系统中，你得进行安装。

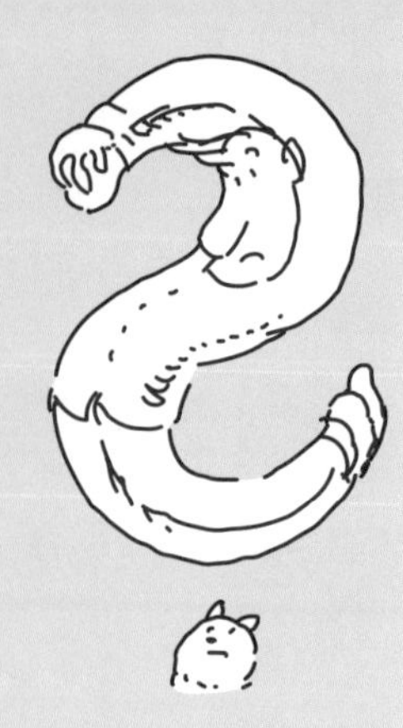

我从哪里找到Python呢？

很简单。

第一个地址是https://www.python.org——Python的故乡。你可以在这里找到适用于所有操作系统的安装包，以及所有信息、资料和PEP（例如汇总了Python所有精髓的PEP 20）。

【背景信息】

如果你使用的是Python编辑器Thonny，在https://thonny.org/中可以找到，则不需要继续安装，因为Thonny已经自带了Python。

这个页面以英文呈现，但应该不会对你造成阻碍。在导航栏Downloads的最上面可以找到相应的安装包。

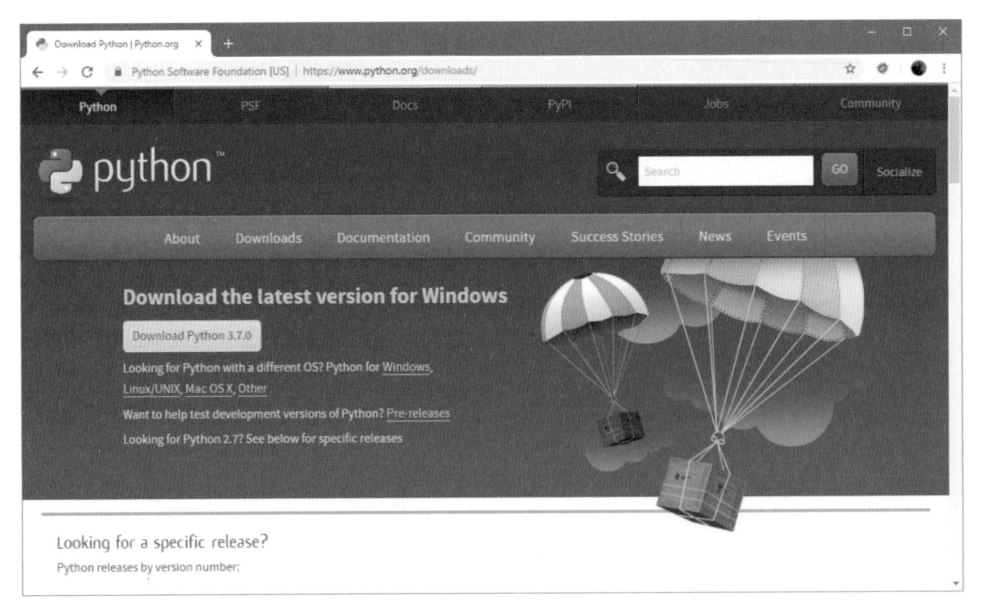

页面可能有所不同，但你应该能在实际的版本中找到Downloads按钮。

单击Downloads按钮即可下载Python，然后双击安装至你的计算机。注意，即使Python不是很大，但下载仍然需要一些时间，主要取决于你的网速。

如果软件的安装没有获得计算机的管理权限，例如你使用的是学校和企业的计算机，则安装可能出问题。这时只有向管理者申请开放权限，才能完成安装（否则必须由管理者本人完成安装）。

【便笺】
如果计算机不允许安装，那么可能你使用了便携版本，如WinPython，这种版本不支持安装。你可以在这里快速找到它——http://winpython.github.io。

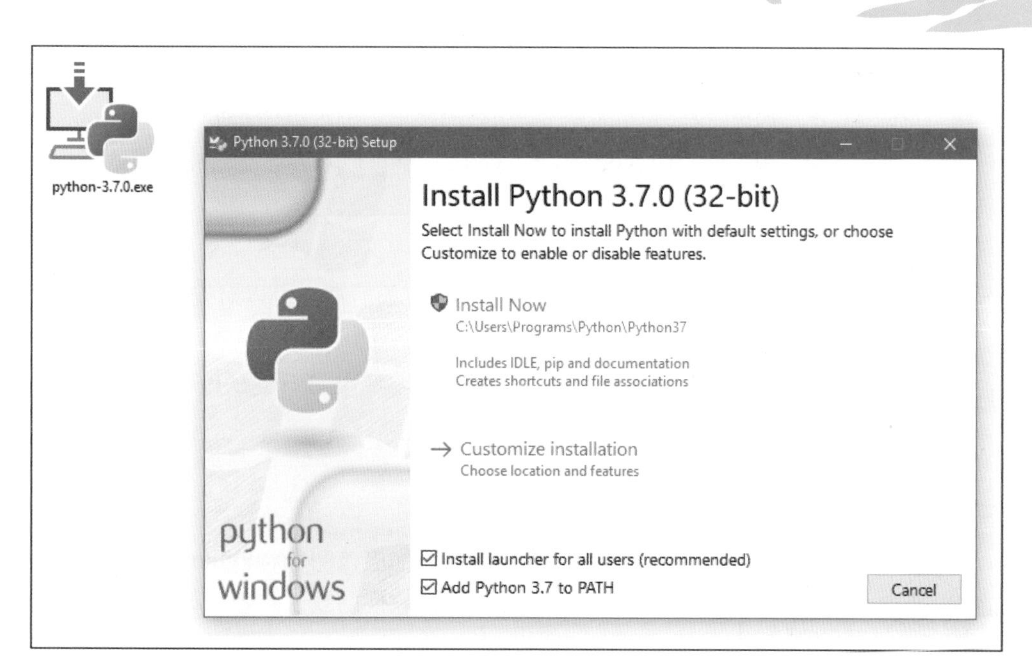

使用默认值立即安装（Install Now）还是自定义安装？

你可以选择Install Now选项和标准选项进行安装。这样你就拥有了本书中需要的所有工具。你还可以选择是否将Python添加到Windows路径中。这样你也能在终端（也称为命令提示符）没有路径信息的情况下启动Python。例如，用python HalloWelt.py取代

C:\Programs\Python\python.exe HalloWelt.py

来启动程序。如果你根本不在命令行上工作（而且也没打算这样做），那你也没错过什么。

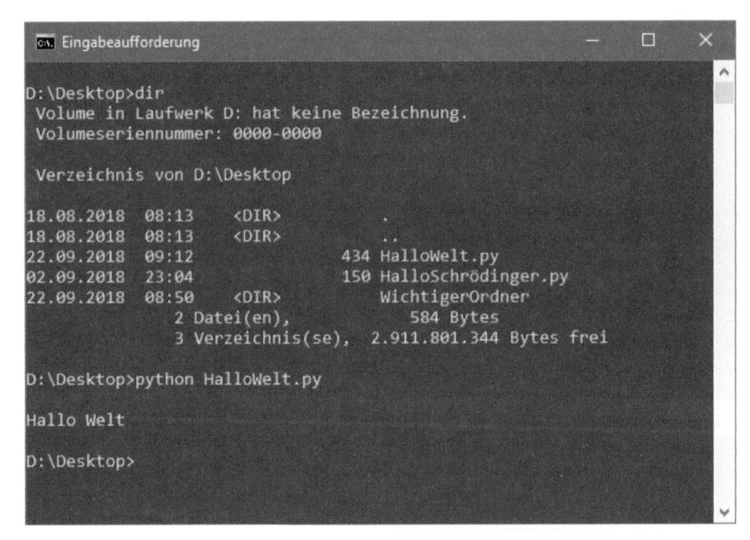

经典的终端当然也有更醒目的颜色。

如果选择Customize installation选项，则可以分两步手动对Python的参数进行设置。如果你的计算机存储空间有限，则可以不安装文档和某些模块。

但你最好安装所有预设的内容。一方面后期还可以对安装进行一些调整，另一方面可以放弃安装一些你确实不需要的内容。pip听起来似乎无关紧要，但是它是所谓的软件包管理器，用它可以随时安装和更新任意的Python模块和库。

更重要的是，你应该明确将Python安装在什么位置。或许管理员已经设置了软件的默认路径，如在学校或企业的计算机中。你可以在此处进行设置。

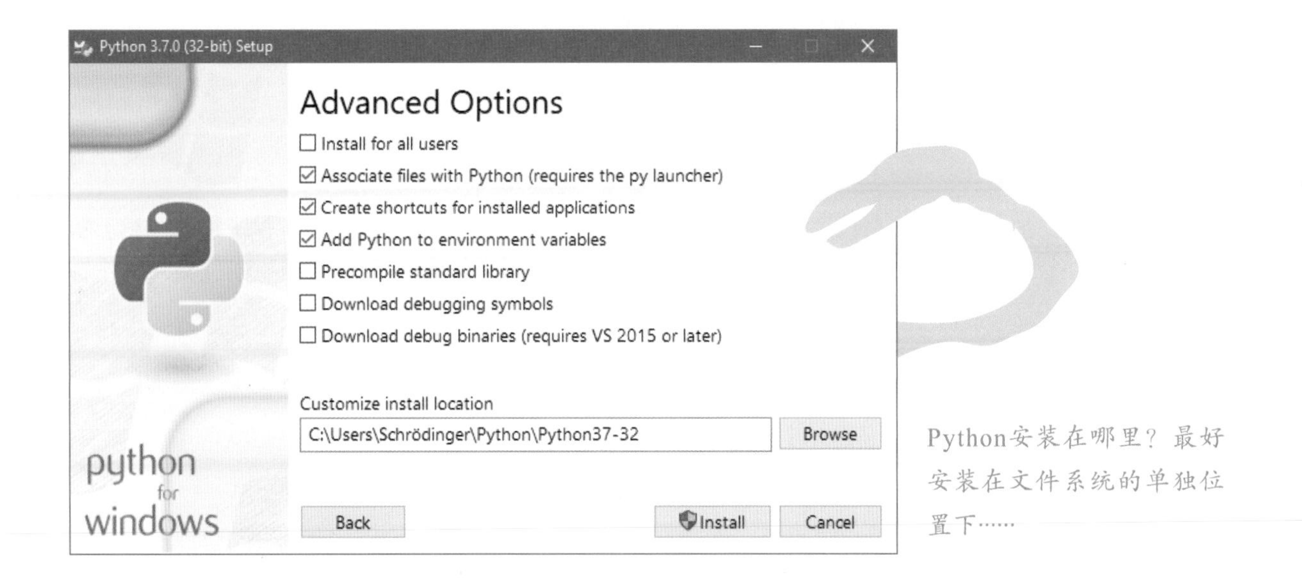

Python安装在哪里？最好安装在文件系统的单独位置下……

安装完成后，你会发现一些新的程序标志，你可以在开始菜单中设置。

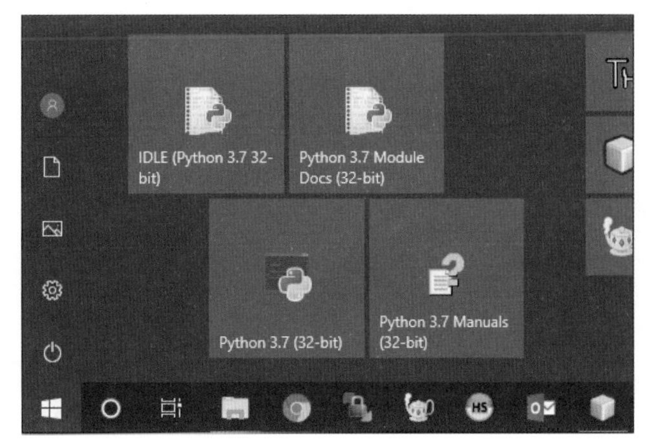

看起来是这样的。

新的程序符号是Python程序本身，以及一个关于Python和相关模块的文件。IDLE是一个简单的编辑器，但对初学者来说已经提供了很多功能。

启动Python，就能打开交互式Shell，可在此直接编写Python命令。

有关交互式Shell的更多内容

可以在这里阅读“消失的章节”。

所有的文件都是英文的，特别是关于模块的文件（即现成的函数、程序和库）对于新手来说往往是令人望而却步的。后面，当对Python有了更多的了解时，你可能想回过头来看一看它们，以便更好地理解某些功能或模块。

IDLE本身是在Python中编写的。启动IDLE，并不能看到很多内容，而是会打开一个交互式的Python-Shell——一个带菜单的单独窗口，而并非黑漆漆的终端窗口。只有当你打开一个文件，或者重新对它进行设置时，才会打开原来的编辑器。老实说，你一开始或许并不习惯，但它非常适合操作。

是时候继续操作了！

—附录 B—

快速操作，全交互式

Python-Shell

Python不仅能够执行写入的程序，还通过Python-Shell提供了一种非常特殊的实用方法来加速执行代码。

在大多数情况下，你将程序存储在文件中，然后执行这些文件，最简单的方法是通过双击执行。打开计算机中的Python解释器，它可以在不经意间（自动）解释代码，从而使计算机理解并执行程序。

这（当然）是有道理的，因为大多数程序你并不想只运行一次，而且想多次运行。在这样的文件中，程序保存得很好，而且你可以随时修改和保存它们。

麻雀

但有时你只是偶然想做点小事情或尝试一些东西。那么将所有内容存储在一个可以执行的文件中就会造成数字技术的过分堆积。

现在该……

交互式Python-Shell上场了

什么？

Shell？？

Python-Shell允许你输入命令，然后立即执行这些命令。在最简单的情况下，可以像在计算器中一样直接执行计算操作。你也可以输入简短的程序，让它们直接运行。你可以从计算机的命令行或你信任的开发环境中调用Python-Shell。

终端？？？

早期的计算机没有图形界面，没有鼠标，更没有耐心等待用户输入的触摸屏。

当时，输入完全是用键盘进行的，唯一显示的是字符，即字母、数字和一些特殊符号。光标闪烁在最上面一行的开头，等待输入，然后逐行输出。

这种早期计算机的遗产实际上一直延续到了我们的时代——以命令行的形式存在，并作为程序在窗口内执行。

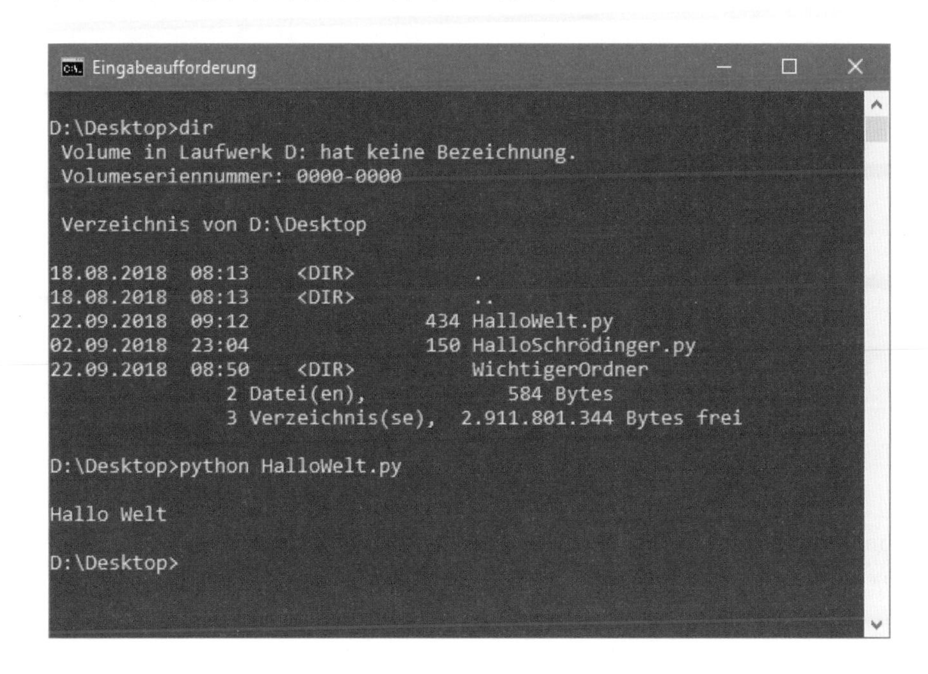

终端——虽然看起来有点奇怪，但它总是与时代同步。

根据不同的计算机操作系统，你可以以命令行、命令提示符或者控制台这类名称找到终端——或许它隐藏在你的开始菜单或者启动程序下。

你可以直接在终端输入命令“python”，这样你就处在Python-Shell的模式下了！当然前提是你的计算机安装了Python。在Linux和macOS系统下应当已经完成了安装。至于Windows系统，则在“消失的章节”里有单独的附录。

【背景信息】

你可以在计算机中找到以单独程序显示的终端窗口。不同的操作系统看起来会有所不同。

【便笺】

如果安装Python时没有在操作系统的路径中输入“python”，则可能需要指定Python的完整路径。可能是这样的（以Windows为例）：c:\Python\python。

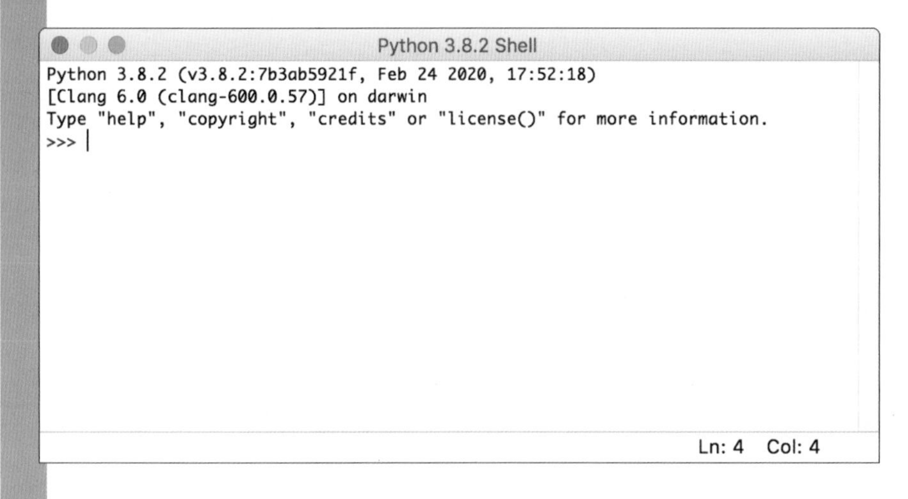

如果以交互模式启动Python，看起来可能与此类似。

只要Python处在交互模式下，那么就可以直接输入Python命令。当你按Enter（或Return）键Python命令会立刻被处理。执行完毕结果立刻显示。你可以从命令行开头的“>>>”识别出交互模式。

如果使用如Thonny这样的开发环境进行操作，甚至可以在单独的窗口使用Python-Shell。那里呈现了程序的所有输出，你只需要在窗口中单击，从而自行输入命令。

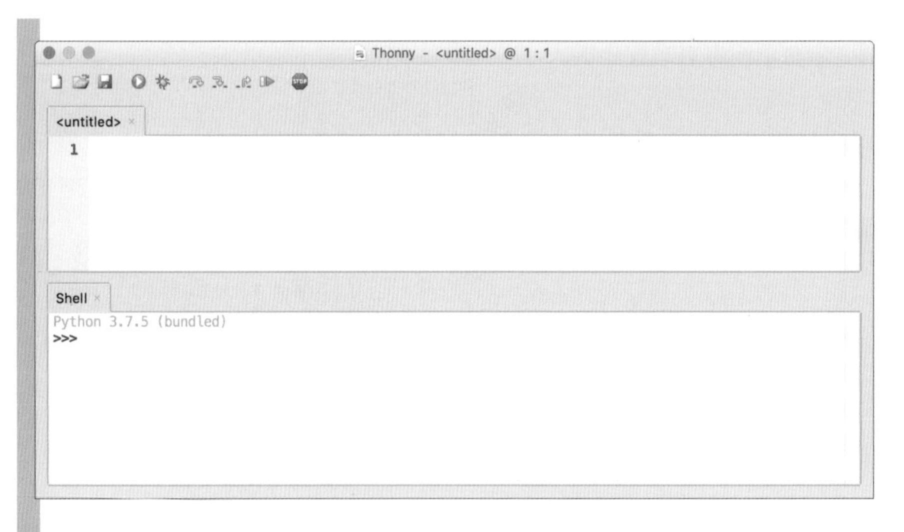

下面的窗口Shell说明Python在交互模式下运行，从“>>>”可以看出。

在最简单的情况下，可以像使用计算器一样使用Python。你输入运算，按Return或Enter键输出。Python执行所有运算并在下一行输出结果。

简单的运算

以交互模式从你的计算机中启动Python（或者使用开发环境现成的Shell，如Thonny），然后输入下列运算：

*1ENTER表示Enter键或Return键，从而进行输入，并且传递给Python加工。

*2到目前为止，我们使用了基本运算法，就好像在真实的计算器上操作一样。

```
21 + 21 ENTER*1
100 – 58 ENTER
14 * 3 ENTER
336 / 8 ENTER*2
300 // 7 ENTER*3
242 % 200 ENTER*4
```

*3这是一种特殊的除法，它只返回整数结果（也就是点号前的值）。点号后的值被删除。

*4%是模运算。它返回除法结果中的余数。

```
Python 3.8.2 Shell
Python 3.8.2 (v3.8.2:7b3ab5921f, Feb 24 2020, 17:52:18)
[Clang 6.0 (clang-600.0.57)] on darwin
Type "help", "copyright", "credits" or "license()" for more information.
>>> 21 + 21
42
>>> 100 - 58
42
>>> 14 * 3
42
>>> 336 / 8
42.0
>>> 300 // 7
42
>>> 242 % 200
42
>>> |
                                                    Ln: 16   Col: 4
```

你总是可以指望Python……

在所有情况下，结果都是神奇的数字42！

为什么是42？

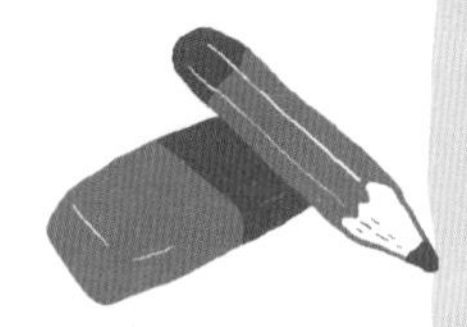

【笔记】

42是一种运行恶作剧（Running Gag）。在小说《银河系漫游指南》中，一台超级计算机可以算出所有答案（包括生命和宇宙）。经过700万年后它给出了最终结果42。这台超级计算机指出，这一结果可能不会有任何用处，因为提出的问题本身就是不明确的。

你不仅可以计算，还可以使用变量、控制流程和常见的Python命令进行操作。

我们想向你介绍一些简单的例子，而不是像前几章那样详细介绍命令。

Python甚至不需要在一行中处理所有内容。例如，Python会记住每个会话中变量的值。如果你关闭命令行并再次打开它，那么你输入的所有内容都将消失。

你可以逐行输入以下程序：

```
meine_variable = 10 ENTER*1
ergebnis =  4 * meine_variable + 2 ENTER*2
print(ergebnis) ENTER*3
```

*1这里对一个名为meine_variable的新变量进行赋值，然后再次按Enter键。目前还没有发生明显的改变。Python只记住了这一切。

*2这里Python进行一项运算，并将结果赋给变量ergebnis。这里你也看不出什么变化。

*3只有通过print()函数，Python才输出现有变量ergebnis的值。

```
Shell
Python 3.7.7 (bundled)
>>> meine_variable = 10
>>> ergebnis = 4 * meine_variable + 2
>>> print(ergebnis)
 42
>>> |
```

在Thonny中，多行输入也是可以的。

通常情况下，在每一行你只写入一条命令。这样程序看起来会更加清晰、易读。你也可以将多条命令写在同一行中，然后用分号“;”分隔。

分号！？

你不是说，

Python已经弃用它了吗？

当然，但这是一种非常方便的方法，可以在Python-Shell的一行中快速地编写几个命令。

【注意】

如果你终止了程序，所有输入都会消失，你必须重新输入。

如果你在Python-Shell中有一些复杂的控制流程，Python会识别出它，然后做好相应的缩进，直到你写入一个空白行。这里Python也能识别出来，并且会停止缩进。

看起来是这样的：

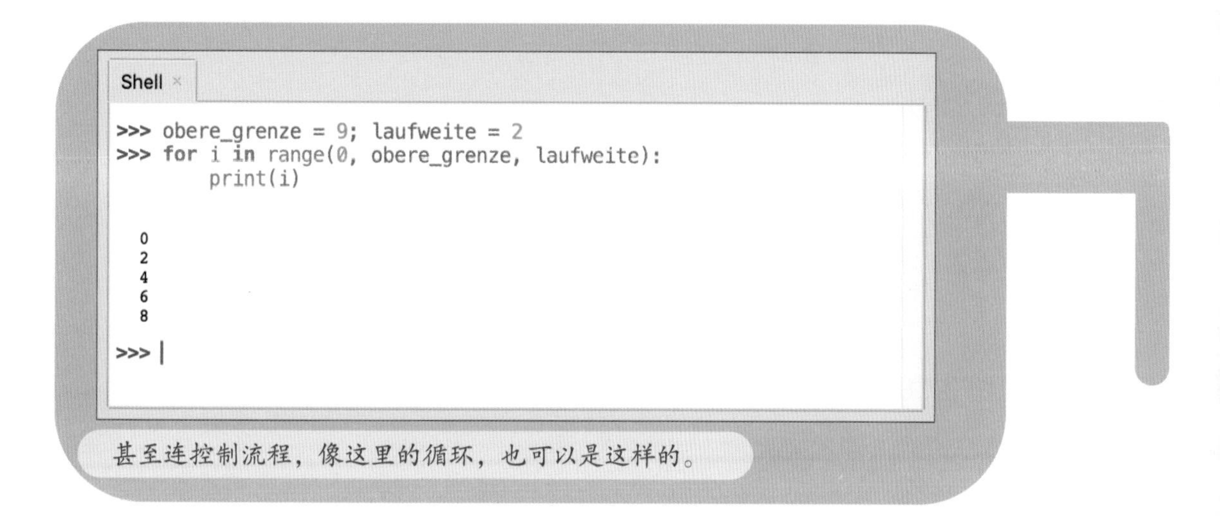

甚至连控制流程，像这里的循环，也可以是这样的。

```
obere_grenze = 9; laufweite = 2*1
for i in range(0, obere_grenze, laufweite):*2
    print(i)*3
    *4
```

*1事实上这里有两条命令，通常在两个单独的命令行中，这里以分号分隔。

*2一旦输入到一行的最后，并按Enter键，光标将自动跳到下一行。

*3这个命令行会做出相应的缩进。

*4如果你写入一个空行，同时按Enter键，Python就能识别出循环已经结束，并执行循环。

【笔记】

交互式模块非常适用于测试。例如你想要测试一个新的命令或者一个循环，即使你编写的大部分程序存储在文件中，命令行也是便捷的！

提示：也可以通过Python-Shell尝试简短的程序示例，特别是那些在本书中使用（模式）变量spam和eggs的示例。

—附录 C—

PEP 20

Python非常特殊——它有20条特殊的指导准则，由Tim Peters设置在PEP 20中。

PEP，即Python Enhancement Proposals，是对Python补充或改进的建议。

其中最出名的，或许也是最重要的，那就是PEP 20。

【背景信息】
除了PEP 20，PEP 8（Python的风格指南）也很重要。这里不对其进行深入讨论，不过本书里的代码在很大程度上遵循了这一指南的建议。

这里记录了Python之禅20条规则中的19条。

第20条规则是什么呢？

这条规则并没有列出。
它是Python的一个小幽默。

PEP 20

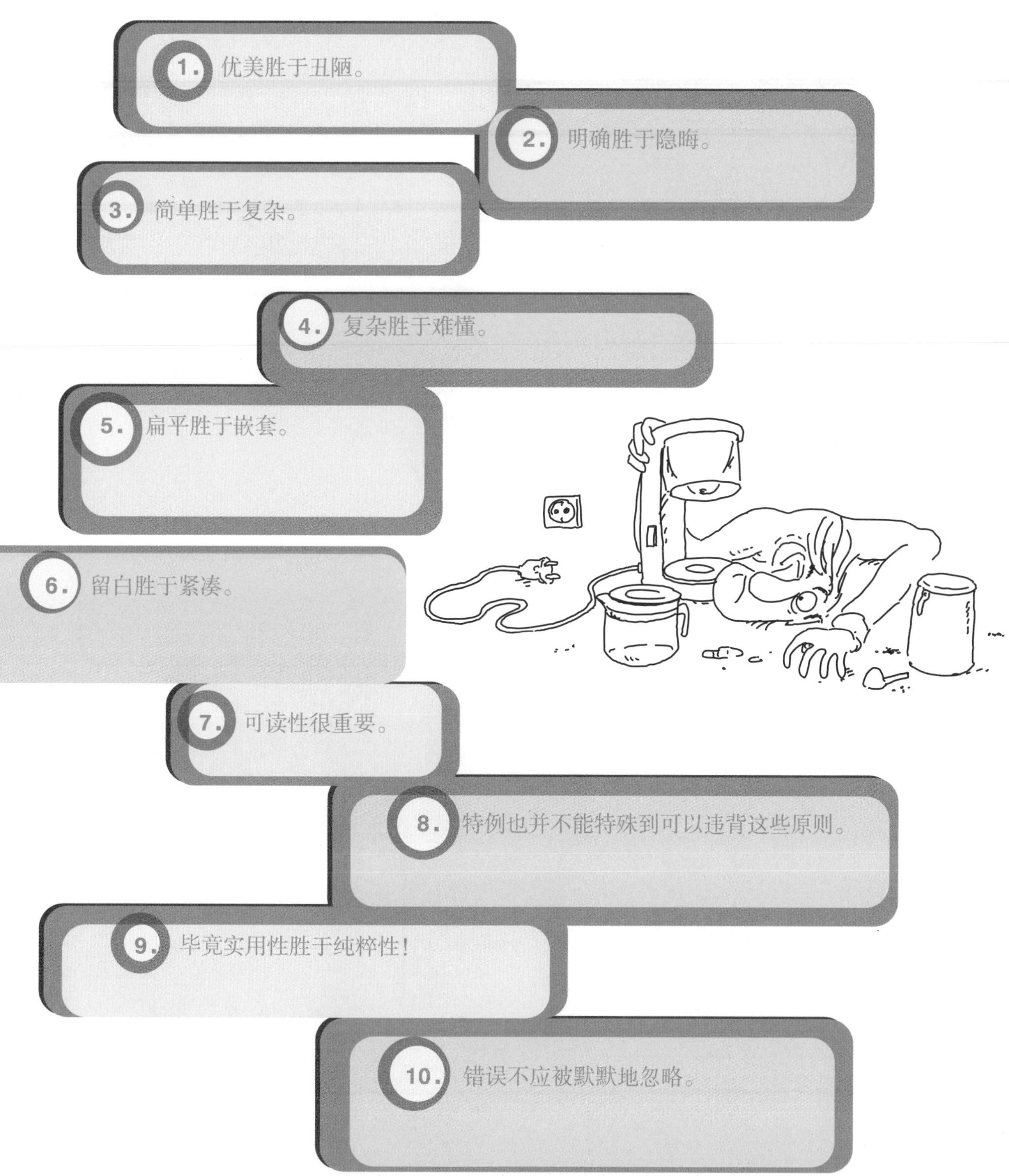

1. 优美胜于丑陋。
2. 明确胜于隐晦。
3. 简单胜于复杂。
4. 复杂胜于难懂。
5. 扁平胜于嵌套。
6. 留白胜于紧凑。
7. 可读性很重要。
8. 特例也并不能特殊到可以违背这些原则。
9. 毕竟实用性胜于纯粹性！
10. 错误不应被默默地忽略。

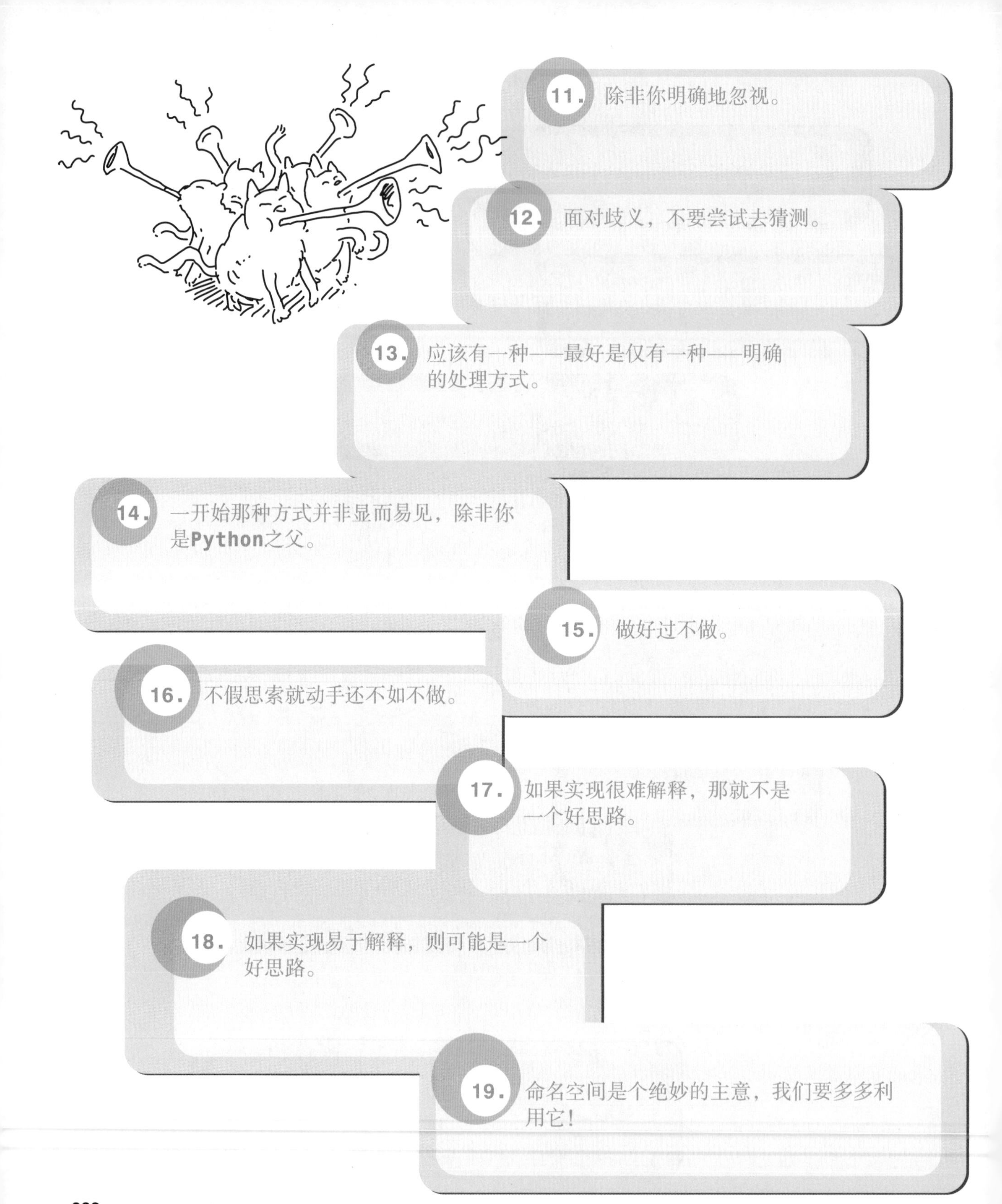

11. 除非你明确地忽视。
12. 面对歧义，不要尝试去猜测。
13. 应该有一种——最好是仅有一种——明确的处理方式。
14. 一开始那种方式并非显而易见，除非你是Python之父。
15. 做好过不做。
16. 不假思索就动手还不如不做。
17. 如果实现很难解释，那就不是一个好思路。
18. 如果实现易于解释，则可能是一个好思路。
19. 命名空间是个绝妙的主意，我们要多多利用它！

—附录 D—

一体化开发环境

有许多编辑器和开发环境适用于Python。Thonny是初学者的一个不错的选择。Thonny并不只是Python的一款简单的编辑器，而是一个绝佳的开发环境，会给你带来许多甜头。

Thonny是一个编辑器，或者说是适用于Python的开发环境。

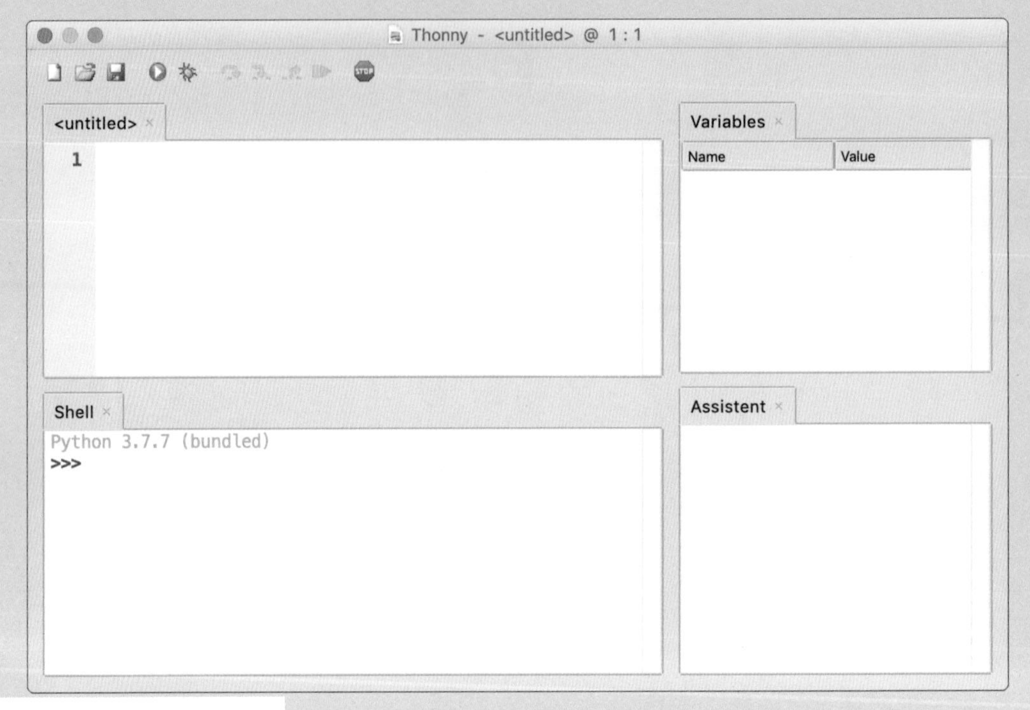

Thonny的页面

- Thonny适用于Windows、Linux和macOS系统。

- Thonny带有自己的Python版本。你只需要下载Thonny并安装，即可使用你需要的所有工具，包括Python的实际版本。即使你的计算机上已经存在Python的旧版本，Thonny也能使用集成的实际版本进行操作。

- Thonny有一个多功能的编辑器：语法高亮、自动缩进、同名元素标记（如变量名）或者行数显示。

- 程序的输出在其Shell（类似于终端）的集成窗口中。
  你可以在那里直接输入命令。

- 你可以通过选项卡打开多个文件。

- 你可以对外观进行设置——亮色、暗色或者使用其他字体。

- 借助Thonny可以在几秒内完成新模块的安装，然后立即使用它们。

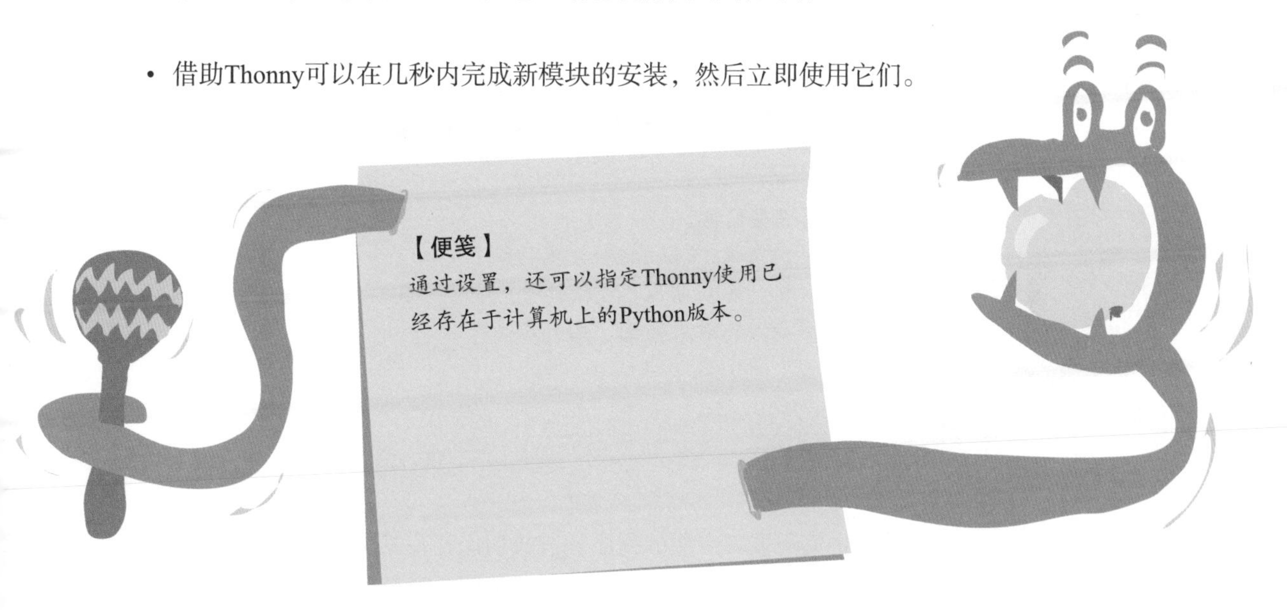

Thonny还有许多其他功能，例如，它自己的文件管理器或者一个带有向导的帮助窗口，你可以从中获取好的建议。

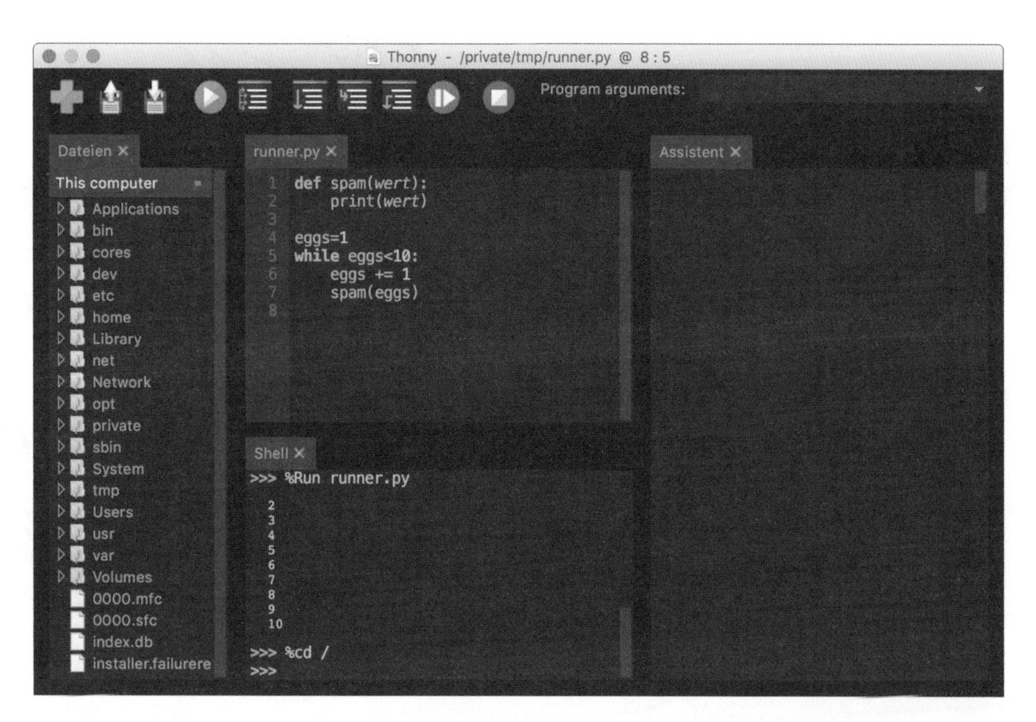

这并不是“黑暗”的力量，而是众多主题中的一种，从左侧可见被激活的文件管理器。

它还有一个查找错误的调试程序（见《漫画学Python：简单入门》的第六章），—可供许多类似的开发环境效仿。因此，你并不需要专注于Thonny。

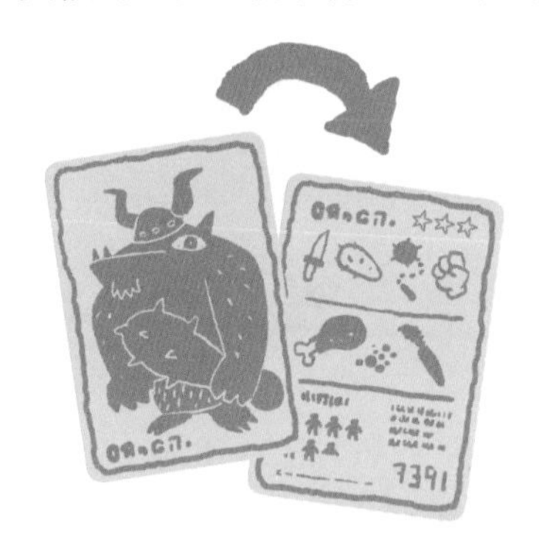

【背景信息】
总的来说，Thonny和大多数程序的工作原理相似。即使你早晚要更换其他开发环境，也不需要改变太多习惯。

你可以连接其他窗口，将笔记或者有用的程序片段长期保存在其中，就像保存在一个显眼的剪贴板中一样，或者也可以让它显示程序中所有已使用的变量。

Thonny使用起来非常容易，它以通用的计算机知识为基础。因此，在首次启动时，它只呈现最重要的窗口。你可以随时通过菜单栏显示或隐藏其他视图。

Thonny有一个美中不足的地方：德文版本（可通过设置选择）还没有完全完成（至少在本书完成之际），而且可切换向导的帮助文本目前只有英文版本。

怎么使用Thonny呢？

你可以在网址https://thonny.org/找到Thonny，并且可以免费下载和安装。

安装后打开Thonny，在打开的编辑窗口中输入Python代码。

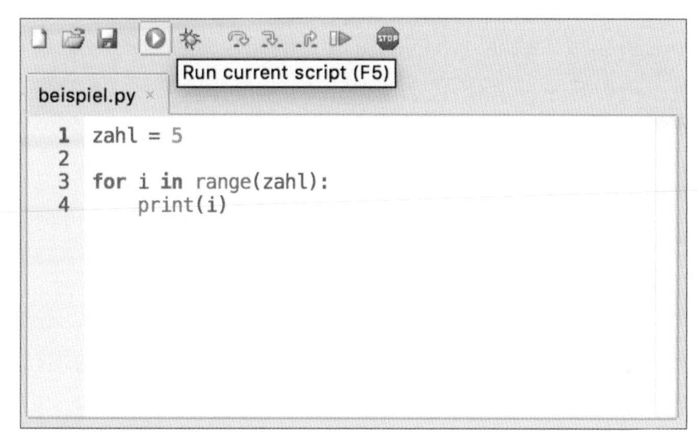

你的第一个程序看起来可能是这样的。

完成代码的输入后，即可执行程序。你可以直接按F5键，或者单击菜单窗口中带白色箭头的绿色按钮。在启动第一个程序时，Thonny会向你询问你的程序应当以何名称保存在何处。一旦你的程序被保存为文件形式，它就能立即执行。Thonny对文件名并没有太多要求，只是文件扩展名应当为.py，这样你的代码就能作为Python程序启动。在保存时，Thonny自动为你添加这一文件扩展名。

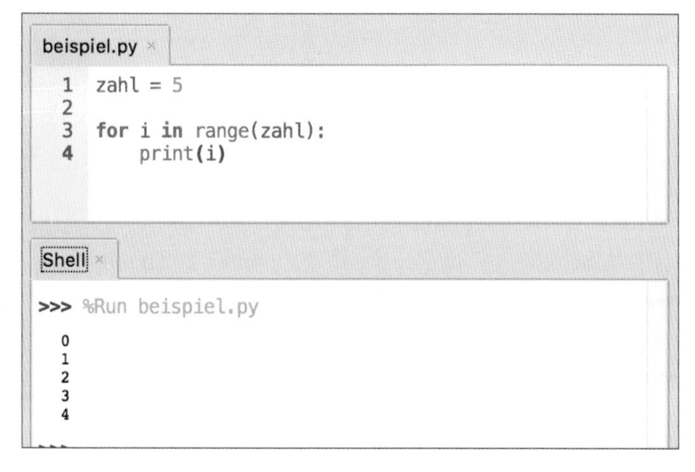

你的程序已经运行。

在第二个Shell窗口（编辑器窗口下方）中会显示你的程序输出的内容。不过你需要在程序中提供输出——最简单的方式就是用print()函数。

首次启动时，Thonny非常清晰：只有很少几个窗口和一些带有重要功能的按钮。

在菜单栏下方的视图中，可以接入或断开不同的窗口。例如在文件视图后隐藏着文件管理器，借助窗口变量，可以显示所有使用过的变量和它们的值。

试试吧！

启动Thonny，在菜单栏下方的视图中，可以选择助手、Shell和变量窗口。编辑器总是保持开启状态，因此在菜单中没有该选项。已经打开的窗口名称前有一个勾。例如，Shell窗口应该已经激活——除非你自己关闭了它。但即使那样，只要你启动程序，并输出任何内容，Shell就会重新出现。

在编辑器窗口的左上方用时髦的名称<untitled>输入一段小程序：

```
name = "Schrödinger"
gruss = "Hallo"
print(gruss, name)
```

空行不起作用，但行的开头不能有空格。

如果你已经完成，则按F5键或者单击带白色箭头的绿色按钮启动程序。

首先Python会打开一个新的窗口，然后询问一个用于存储程序的文件名，如erstesProgramm.py。如果你没有输入文件扩展名.py（用于Python），Thonny会自动添加。原则上你对文件名有完全的自主性，但也有一条限制：你的文件名不能和在程序中使用的模块同名。模块类似额外的程序包，它们单独提供一些功能。

难道没有可能使用相同的名称吗？

目前看来是这样的，例如有一个名为test的模块。如果你将程序以文件名test.py保存，Thonny助手会给你发送警告。

不能随心所欲。

如果你没有犯错，程序会被启动，然后在下面的Shell窗口中输出Hallo Schrödinger。

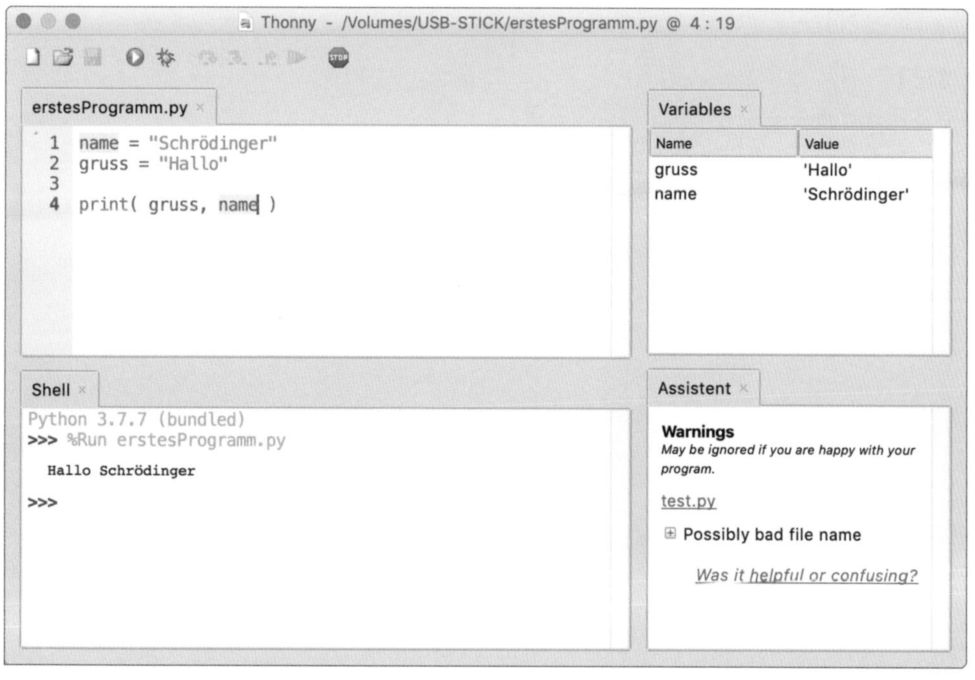

已经有些模样了。

- 在编辑器的选项卡中会显示你的程序名。你可以在窗口中看到你的程序。如果光标停留在变量名或者命令上，那么相同的名称会标记为彩色。这对于找出所有相同的变量名来说很有帮助——输错的名称不会被标记出来。你可以通过设置，在选项卡中打开或关闭编辑器。

- 在变量窗口，显示所有的变量和它们的值。在查找错误时可以传递一条或多条提示。

- 在Shell中进行输出。错误处理也在这里显示。

- 根据情形和程序，助手会给出不同的提示，可惜只有英文。这里提示，在实际文件夹中已经存在一个test.py文件，因此产生冲突——只需要单击提示前的加号即可获取更多信息。

Thonny自动为命令行进行缩进，当然只能在程序的相应位置进行缩进。这一功能非常实用，因为Python用缩进标记循环内容和其他控制流程——你可以在正文章节中看到。

【笔记】

编辑器还会时刻关注你的代码。别忘了关闭命令，如果漏掉了文本末尾的引号或者命令中的括号，Thonny会标记出错误部分。

例如，删除了文本的引号和最后一个命令行的右括号！你会看到，这里会高亮显示。

这样的颜色标记可以持续多个命令行，这提示你：有些代码行不通！

轻松连接外部模块

Python有许多所谓的模块。它们是简化的现成程序或函数，可以为你减少大量编程工作。Python已经提供了大量模块，但是仍然有大量外部模块可供下载，并在程序中使用。

通常这并不简单，但Thonny为连接外部模块提供了简单的方法。通过菜单选项Extras调用Manage Packages：

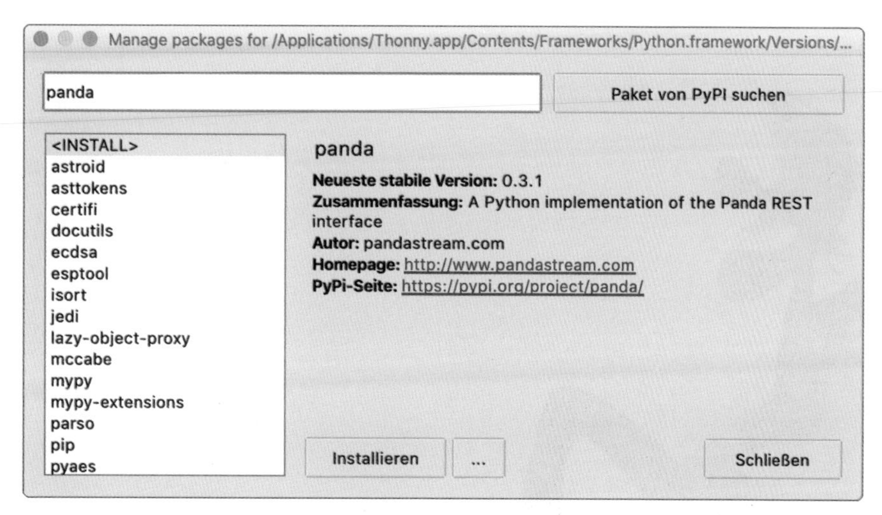

模块——对程序进行更好的扩展

这里显示了所有现有的模块，你可以通过名称检索新模块，并且进行安装。

这么简单？

是的，Thonny使用一个名为PyPI的中央存储库，即Python包索引。这不仅是一个网站，还是公司、个人和组织为Python提供的官方软件存储库。这些软件在那里集中管理、测试和监控。

还有什么呢?

在设置中还可以找到一些选项。你可以在不同的选项卡中上设置Thonny的语言和外观。在编辑器的选项卡中可以显示函数，通过Theme & Font可以设置你喜欢的字体和颜色。

这也是可以快速启动Thonny的关键。

该继续操作了！

—附录 E—

让数据库变得简单

DB Browser for SQLite

不，DB Browser for SQLite肯定不会赢得最佳名称奖。这个名字恰如其分地描述了这个程序的目的：方便地处理基于SQLite的数据库或者表。

首先，最重要的是：

- DB Browser for SQLite适用于Windows、Linux系统，同样也适用于macOS系统。
- 该程序供免费使用。当然，也有许可模式，专业开发人员可以使用这些模式购买支持服务。
- 你可以从https://sqlitebrowser.org/下载DB Browser for SQLite，还可以在这里找到将该程序安装至计算机的更多信息。

DB Browser for SQLite是什么呢?

首先，我们应该说这个程序不是什么：它本身不是一个数据库。这个角色由SQLite程序承担：因为SQLite是DBMS，即数据库管理系统，它提供了数据（或包含数据的文件），也可充当数据库使用。另外，DB Browser是一个提供图形界面的程序，用于显示和修改数据。

我不需要把SQLite作为程序看待吗？！

SQLite（作为一个几乎不可见的助手）已经内置于DB Browser中，就像它内置于Python中一样。SQLite作为一个如此小巧精致的程序，完全可以实现内置。这也是SQLite被广泛使用的原因！

SQLite允许执行构成数据库的CRUD操作（Create——创建、Read——读取、Update——更改和Delete——删除）。

【便笺】
当然，检索和排序也是DBMS允许的操作，可能是因为CRUD无法再容纳两个字母，因此它们被看作读取的一部分。

这些数据是用自己的语言，即SQL进行访问。这些允许CRUD操作的SQL命令可能非常复杂。询问的结果在Python程序中以列表和元组的形式返回。这对于Python程序来说非常理想，但如果想要进行一些测试，或者快速查看数据，这还不是最简单的方法，并且如果通过SQL进行重复的操作，可能会让人筋疲力尽。

这时DB Browser for SQLite可以派上用场：

DB Browser for SQLite程序通过一些熟知的图形程序界面提供许多数据库操作。

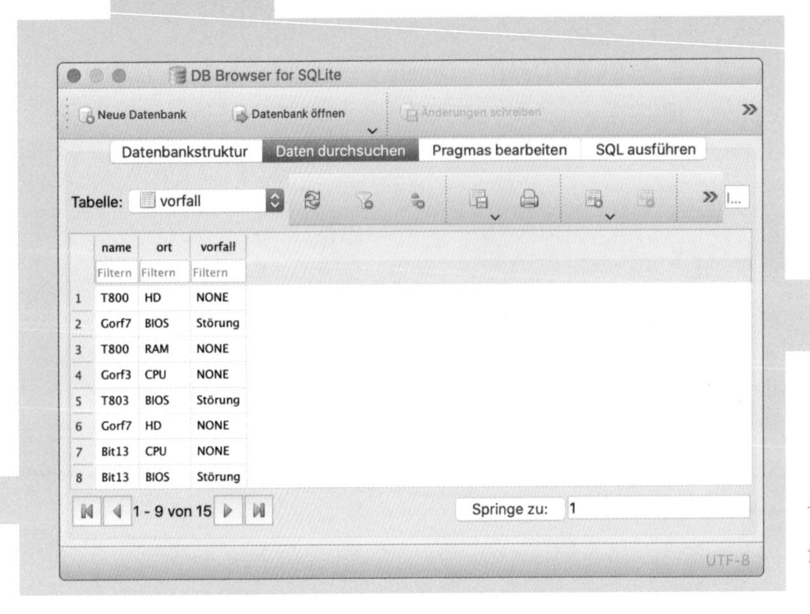

请允许我介绍DB Browser for SQLite。

即使不使用SQL语言，也可以用DB Browser创建新的数据库和任意数量的表：这可以通过Neue Datenbank（新建数据库）按钮轻松实现。然后，程序会询问文件名和存储位置，这样你就拥有了第一个数据库，但这时数据库是空的，还没有表。以后可以将数据存储在这个数据库中，下面就提供一些：

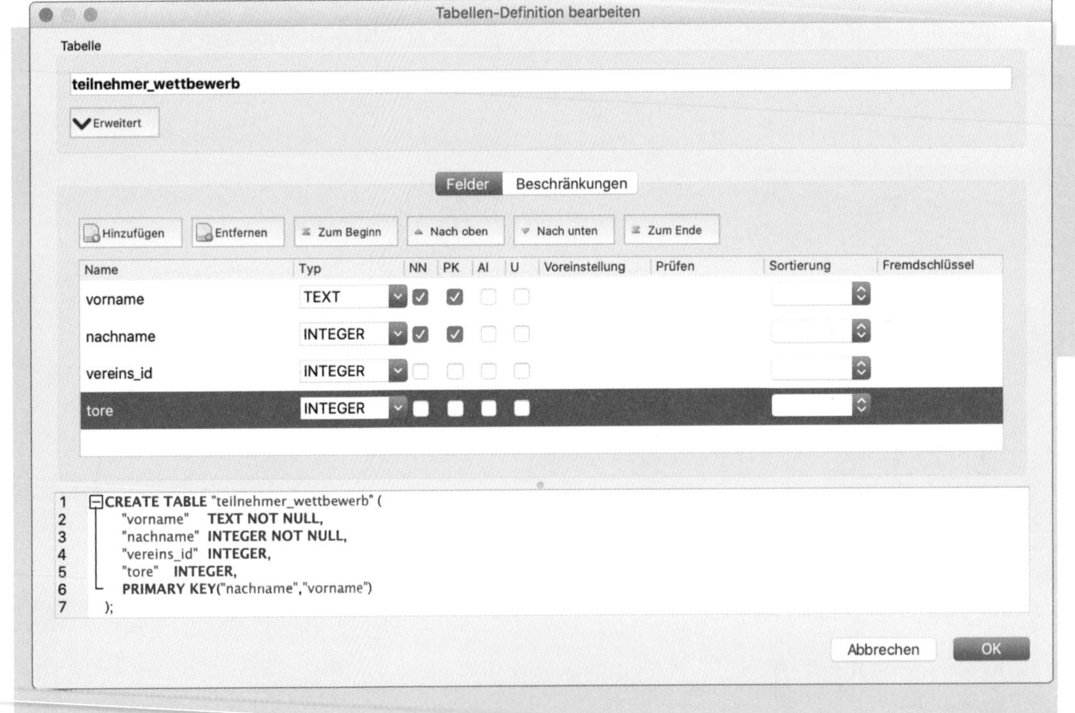

一个表名、几个字段——几乎可以自己完成。下面甚至显示了SQL命令。

你只需指定一个表名，然后使用Hinzufügen（添加）按钮逐列创建。

对于每列（或字段），你可以指定名称、类型和一些可选参数：

- NN代表NOT NULL（NULL对应Python中的None）。之后必须在具有此属性的列中存储值。如果没有此参数，字段也可以为空。
- PK代表PRIMARY KEY，即表的主键。如果选中多个字段，则会自动创建所谓的复合主键，例如名字和姓氏的组合。
- AI代表AUTOINCREMENT（即自动分配，并且总是比上次分配的值大1）。无论你之前输入什么，这样的字段都会自动成为INTEGER类型的主键。
- U代表Unique。这个字段中的值在表中必须是唯一的，不能重复出现。

【注意】
要查看所有选项，可以将窗口拉宽。

【术语定义】
列和字段在数据库中是相同的概念。

在下面的窗口中，总是显示生成表的整个SQL命令！因为DB Browser实际上也在内部处理发送给SQLite的SQL命令！

【便笺】
因此，你不仅可以通过界面轻松地创建表，还可以复制SQL命令，从而能轻松地在程序中使用它们！

创建表后，单击Änderungen schreiben（修改）按钮，以确保所有内容都能执行并保存。当然，你也可以在以后对表进行编辑和修改，还可以打开和编辑现有的数据库。

为了能够编辑表和数据，DB Browser提供了不同的视图。

Datenbankstruktur视图

Datenbankstruktur（数据库结构）视图显示数据库中存在的所有表。不要惊讶：它们也可以是内部表，即数据库自带的表，如sqlite_sequence。这些表由SQLite创建，在内部使用。

用于创建所有表的SQL命令被显示出来。通过单击鼠标右键，可以复制命令或重新编辑表，或者删除表并将其导出为CSV格式。

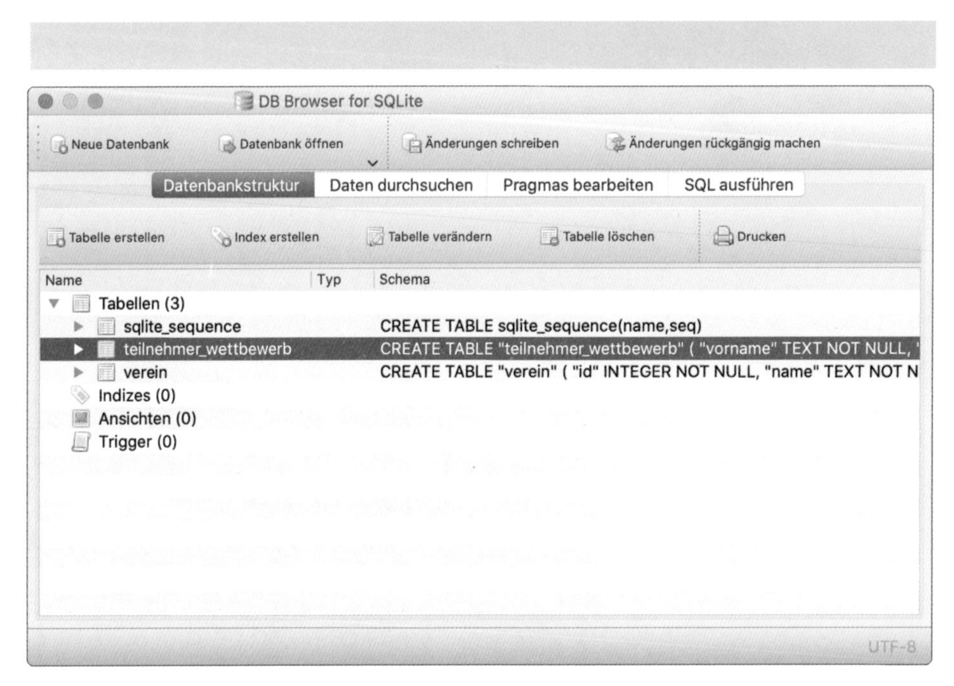

Datenbankstruktur视图显示所有表。

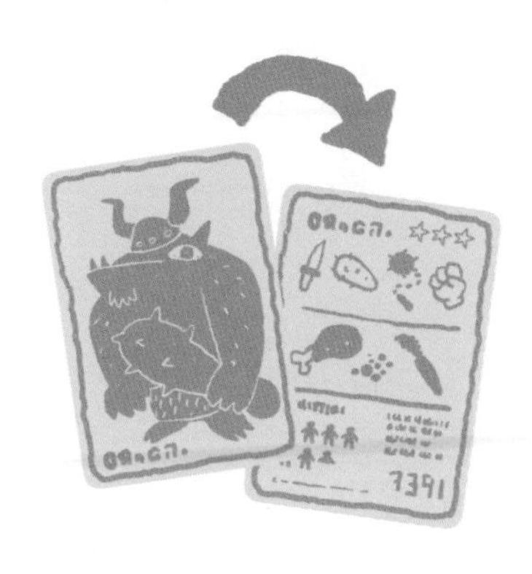

【背景信息】
CSV是一种古老的但依然很常用的存储和交换数据的格式。每条记录都有单独的行，其中的值用逗号分隔。第一行是列的名称。

DB Browser可以进行导入和导出。使用Datei – Import（文件—导入）和 Datei – Export （文件—导出）菜单，可以轻松地将表和数据导入数据库，并以同样的方式导出它们。

在Daten durchsuchen（浏览数据）视图中，你可以查看所有表的数据。为此，请从左侧的下拉菜单Tabelle（表）中选择所需的表，然后所有数据都以表格形式呈现。

如果你刚刚创建了一个表，那么它自然还是空的。为了输入新值，请单击带有工作表和绿色加号的小图标（可以在打印机图标的右侧找到它）。这样就会出现一个新行，你可以在其中直接输入值。如果你单击那个小的黑色箭头，将打开一个新的窗口，你可以在其中创建一个新的记录。在这里，你甚至会看到一个自动生成的SQL命令，你可以复制它。

检索数据

在Daten durchsuchen（浏览数据）视图中，还可以通过双击字段来更改字段中的单个现有值（有时不会立即响应）。此外，将在右侧打开一个新区域，你可以在其中更改值——这使较长的单词、文本或较长的数字看起来更加清晰。但是，你必须在此窗口中单击Übernehmen（接受）按钮，以便保存更改的值。

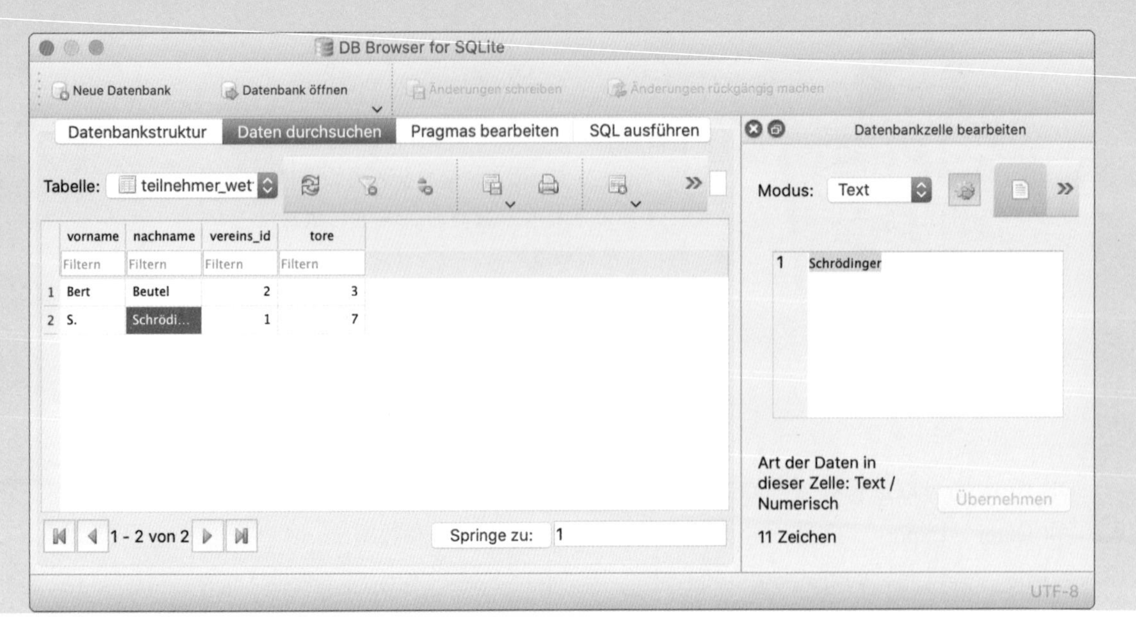

这里已经输入了可以显示和编辑的数据。

如果直接在表头的一个空字段中输入［通过浅灰色单词Filtern（筛选）识别］，你可以输入要搜索的值（更好的筛选）。DB Browser实时显示结果。

如果直接单击列标题，则表将按此排序。

太棒了！

但这对我使用Python有什么好处呢？

有一个古老的探路妙招：每个操作，即检索、过滤、删除或排序，都由DB Browser转换为SQL命令，然后将该命令传递给SQLite。你可以复制这些SQL命令（如用于检索），然后直接在Python程序中使用！

因为：每个SQL命令都记录在程序的当前会话中，可以轻松复制。

在Ansicht（视图）下的菜单栏中，你可以找到菜单项SQL-Protokoll（SQL协议）。在Anzeige des übergebenen SQL von（显示传递的SQL）下拉菜单中选择Anwendung（应用）选项，系统将显示DB Browser按照操作生成的SQL命令。

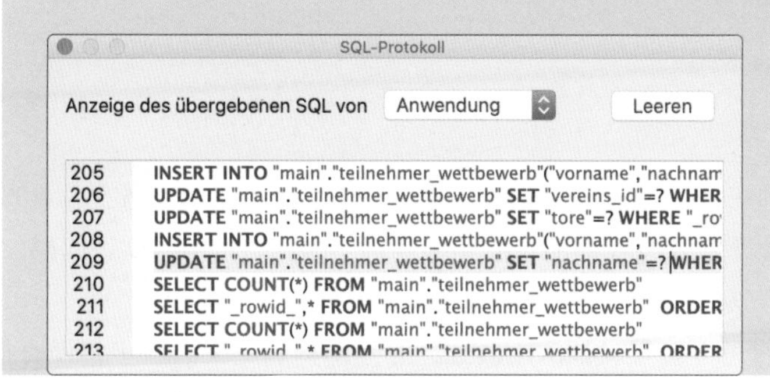

每个查询都变得可见并可以复制。

你是否在表teilnehmer_wettbewerb中搜索了包含部分单词“ding”的姓氏？

作为SQL命令，更易读的格式如下所示：

```
SELECT*1 "_rowid_",* *2
FROM "main"."teilnehmer_wettbewerb"*3
WHERE "nachname" LIKE '%ding%'*4 ESCAPE '\'*5
ORDER BY "vereins_id" DESC*6
LIMIT 0, 49999;*7
```

*1 SELECT是检索的关键字。

*2 *号表示所有列都应显示在检索结果中。“_rowid_”也可以简写为rowid，它表示显示内部索引（SQLite中任何数据都可带有连续编号）。

*3 这里指定要用于检索的表。你可以在Python中省略"main"，因为它指的是打开的数据库。

*4 WHERE指定检索条件。

*5 在Python中使用的唯一限制：你应该在Python中弃用ESCAPE，因为在Python中，这种形式的转义字符会导致错误。

*6 按列vereins_id降序排序。

*7 使用LIMIT指定，输出所有从第一个结果数据（也就是0）到最多49 999的数据。

别担心，你很快就会了解SQL的。

重要的是：在DB Browser的帮助下，可以减轻使用SQL的工作量！

还有些什么……

利用Pragmas bearbeiten（程序编辑）选项，可以对数据库进行一些更特殊的设置，这些设置可以根据应用场景对数据库进行优化。这与我们的目的相差甚远，因此这里不谈这个问题。

更有趣的是运行SQL。你可以直接试试SQL命令，并立即得到结果。由于错误直接显示在命令中，所以你可以轻松地检测和改进SQL命令。

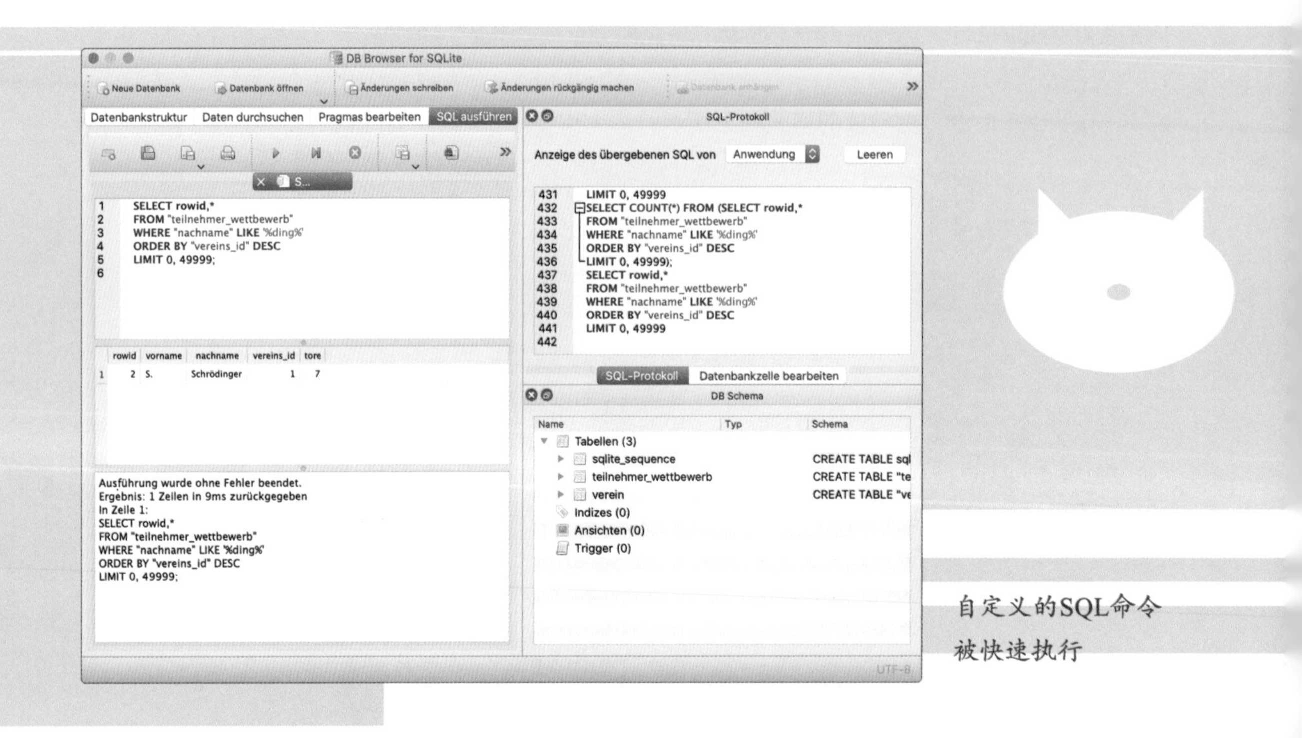

自定义的SQL命令被快速执行

关于DB Browser for SQLite还有很多要说：通过Ansicht（视图）菜单显示和隐藏各个窗口，并根据需要对其进行排序；数据库可以被压缩和加密；可以下载扩展包，也可以创建和管理整个数据库项目。

现在是时候继续阅读了。

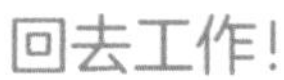